プロローグ

ｆｏｕｆｏｕの協力会社 株式会社ステイトオブマインド 代表取締役 伊藤悠平

マール コウサカ氏は、舞台演出家である。

彼は無論、極めて優れたデザイナーである。きっと、この本を手に取られた皆さんに対して、ｆｏｕｆｏｕの服の良さを今さら言及するのもおこがましいので、ここはあえて、裏方を担うわたしたちの視点からお話しできればと思う。

ｆｏｕｆｏｕの裏方、生産や物流など、あらゆる実務を担う者の視点から俯瞰する時、彼の姿は舞台演出家のそれのように映る。

たとえば試着会。文字通りｆｏｕｆｏｕの服を、ただ試着するイベントだ。会場では商品を販売せず、購入はＥＣサイトで行う。

そのイベントに、数百人規模のお客さまが来場される。

来場して、「ＴＨＥ ＤＲＥＳＳ」を試着して、鏡の前に立つ。カーテンみたいに重いドレスの、ドレープの厚いスカートをひるがえして、まわる。写真を撮る。ＳＮＳに投稿する。

見渡すとみんなまわっている。まわっている写真が立て続けに投稿される。投稿を見た人が新たに

ｆｏｕｆｏｕを知り、試着会への応募は増える一方だ。

裏方であるわたしたちも、会場に搬入を終えて、さあやれやれといったつもりが、スタッフさんやお客さんに顔を知られていて、声をかけられる。なんなら搬入作業もライブ配信されていたりする。観客のつもりで来場した人も、わたしたち生産者も、知らないうちに舞台に立って踊っている。その様子をＳＮＳで見た観客も、次回訪れて、やがて同じように踊る羽目になる。

マール氏がつくっているのは、服である以前に衣装であり、あるいはそれを着て踊るための舞台なのだ。その視点に移動して、俯瞰して空間をとらえ直す時、彼の座標は、いわゆるファッションデザイナーたちのそれとは隣接せず、実は大きく乖離《かいり》していることが見えてくる。

仕組み、構造、あるいは舞台装置。そういったものを、彼はまるで公園でレジャーシートでも敷くような塩梅《あんばい》で、いきなり広げてくる。立っているその足元が、気がつくと舞台に変わっている。そうなると、踊らないわけにいかなくなる。踊りが得意な人もいる。苦手な人もいる。どうであろうとも、マール氏はその魅力を、あるいは人の資質を問答無用で引きずり出し、つなぎ合わせ、景色が、空間が忽然《こつぜん》とそこに現れる。その帰結として、あくまでも舞台の構成要素として、服があるのではないかと思う。

ところで、わたしはこの本に何が書かれているのか、まったく知らない。なにせ、この本を読ませてもらっていないのだ。「プロローグ」を書くにもかかわらず、である。

彼から受けた依頼の文面は、次の通りである。

「伊藤さんが文章を書くのは苦手というのを承知でお願いしたいのですが（笑）、今書いている本の「プロローグ」をお願いできますでしょうか。本のタイトルは『すこやかな服』を予定していて、これまでのｆｏｕｆｏｕのことと考えなども含めた随筆です。序文は『すこやかな服』に対して伊藤社長から見たｆｏｕｆｏｕのことでもｎｕｔｔｅというサービスがこういう形で使われることになったことでも私のことでも、むしろあまり関係ないことでもなんでも構いません」

『すこやかな服』って何だ？　まだ読んでいない本の「プロローグ」を書かされる。

本の中身はどうでもいいから、何か意味のあることを、おまえ自身のことばで語れ。きっとわたしは、そう言われているのだ。

「さあ踊れ。この舞台で好きなように踊って見せろ」

そう突きつけられて、いまわたしは、ことばをしぼり出している。

ｆｏｕｆｏｕという、この壮大な舞台。生産者、運営スタッフ、スポットライトを浴びない裏方であるべきわたしたちも、いつの間にか壇上に踊る。

そして、それを悪くないと思っている自分がいることに驚かされるとともに、関わらせてもらえることに感謝する毎日なのである。

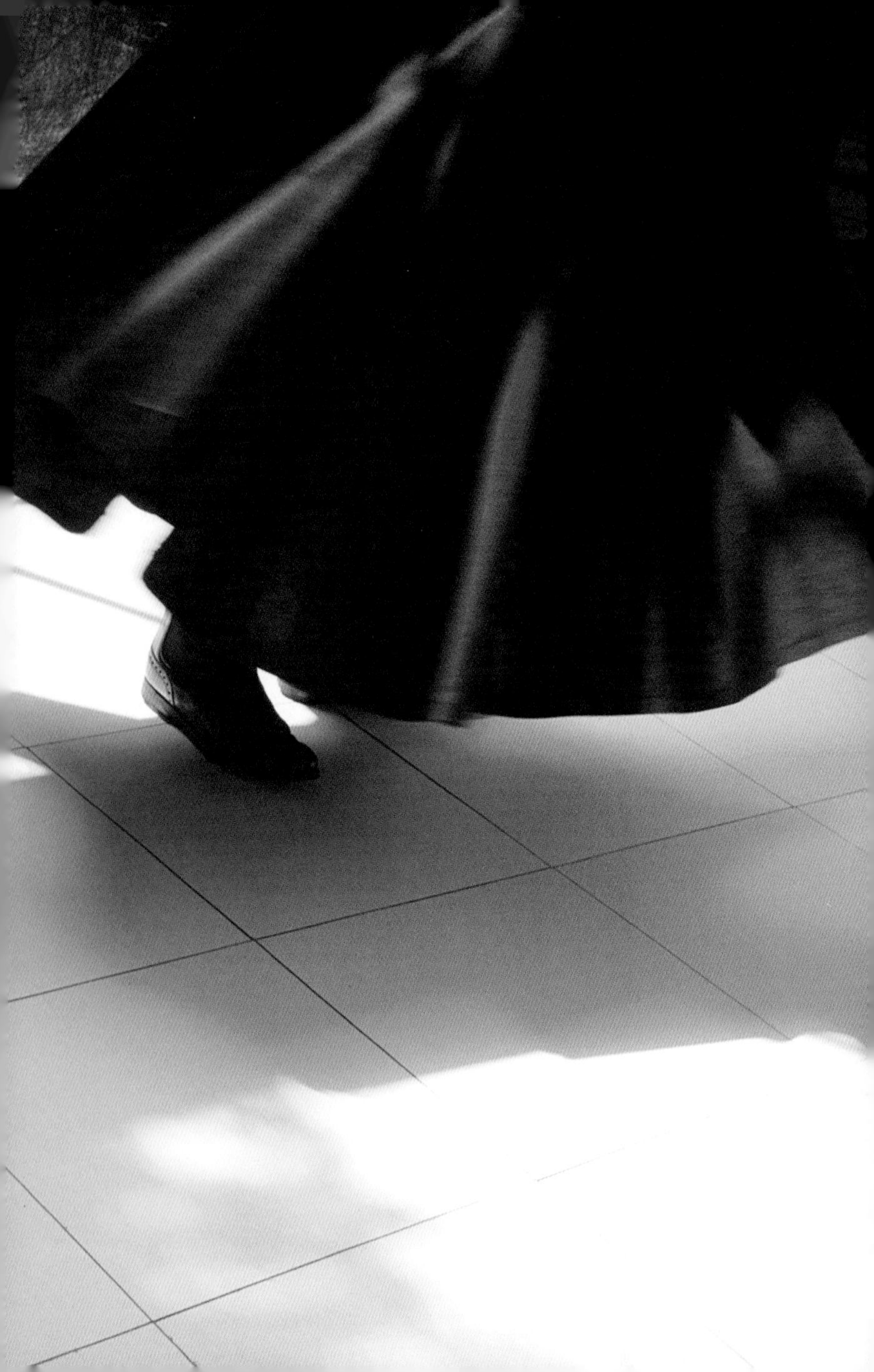

すこやかな服

マール コウサカ

晶文社

はじめに

2016年の夏、実家の6畳程度の自分の部屋で専門学校の課題もやらずに、糸まみれになりながら数着の服を作った。

数日後、東京・丸の内で当時福岡から出てきたばかりの写真家、井崎竜太朗氏にお願いし、寝ずに作った服を撮影した。7月のうだるように暑い日だった。

自分のインスタグラムに作った服を載せたら反響が少しあったので、無料で使えるオンラインストアに登録して商品を並べた。それっぽい感じがしてきた。

販売開始の21時、たった数着の服は一瞬で完売した。

「注文が入りました」というメールがスマホの画面にいくつも表示されて鳥肌が立った時の感触を今でも覚えている。

あの瞬間の感動は今思い出しても、これまでのどんな経験より震える。

僕はこの時無限の可能性に気づいてしまったような気がする。

インターネットを使って、会ったこともない遠くの街に住むどこかの誰かに、服が売れた。

僕は何かの賞をとったこともなければ、アパレル業界でずっと働いていたわけでもない。

名も無い服飾学生だった自分の作ったものを必要としてくれる人がいたこと。

それだけでも何だか生きていてよかったなと思えた。これまでの人生が初めて肯定された瞬間だった。

10人が必要としてくれたものはきっと、100人が必要としてくれる。

100人が必要としたものはきっと、1000人が必要としてくれる。

小さな丘をヨイショヨイショとハイキングを楽しむように登ったら、その奥に大きな山を見つけた気分。

その山は美しく霞《かす》んで見えた。

この丘の頂上でさえこんなに心地がいいのに、あの山の上からはどんな景色が見えるんだろう、どんな感情になるんだろうと思ってしまった。

しかし、この先の山を登るには、あまりにも自分の装備が足りないことに気づいた。

それでも登らずにはいられなかった。論理的に説明することはできなかったけれど直感に従うしかなかった。始まってしまったのだから！

コツコツ地道に続けていけば、もしかしたら1万人が必要としてくれるかもしれない。それだけ服が売れたら、きっとそれで生きていけるかもしれない。

ましてこんな形のブランド聞いたことがない、これが仕組み化されたらすごいことなんじゃないか？

コンセプトは始める前から決まっていた。ずっと思っていたことだ。

2011年の東日本大震災以降、「量より質」といわれる時代で、いいものを持ちたい、そんな気持ちはきっとみんなあるはず。

しかし、アパレルにおいては安価でも品質もよく、〝こだわりのあるいいもの〟と言われるものの良さと、そうじゃないものとの明確な違いが素人目線ではわかりにくいのが事実だ。

さらにECモールの出現によって選択肢が増えすぎて逆に自分で選ぶことが難しい。

それに思想や価値観には共感できても、この時代に1ルック20万円くらいする服を毎シーズン買ったら、メーカーにとっては正しく作られたものを販売できていい気持ちになれるのかもしれないけれど、自分の生活が健康的じゃない気がする。

値上がりし続ける消費税や電気代、不安な将来への貯蓄。現実的なあれこれを考え始めると、服が大好きという人ならともかくとして「いい服を買おう」なんてかなり優先度が低いのではないか。

とはいえファストファッションだけじゃあファッションの魔法をかけられてしまった僕のような人間は満足ができないんだ。

新しい服に袖を通して鏡の前に立ったときのあの感覚がやっぱり好きだ。美しい服を身に纏《まと》うと背筋が少し伸びる。

鏡を見ると、知っている自分なんだけど知らない自分が目の前にいる。「こんな自分もいいかも」と少し気分が上がる。

外に出ていつもの道を歩き出す。布の弛《たゆ》みを感じる、肌に擦れる繊維が心地よい。どうしてか街の景色も変わって見える。いつもよりキラキラしている！　世界はきっと素晴らしい！

街行く人に挨拶をしたい気分になる。まるで自分は映画の主人公だ！

新しい服を纏った自分を見せたい人がいる、会いにいってしまいたい！

たった一着の服が、自分だけではなく見える世界さえも変えてしまうことを知っている。くるくると回ってダンスするように。

崖っぷちの時代でも関係ない、税金の値上がりも面倒な上司のこともインターネットで起こる誰かの炎上ごともどうでもいい。

自分から溢れ出る高揚感は、日常を揺らす。

日々は揺れて世界は美しくなる。

自分がこの世界の中心。それでいいんだ！

こんな時代だからこそだ、服でファッションしなくてもいい時代にこそだ。

服でファッションを楽しんでもらいたい、僕が楽しみたいんだからきっとそんな人はいるはず。

それならなるべく手の届く価格で、なるべくおしゃれでやりすぎない、自分の価値観にフィットした人がものづくりをしているなら、試してみたいと思ってもらえるだろうか。

そして買ってくれた人も作ってる人も売ってる人もハッピーでヘルシーな関係でいれたら最高じゃないか。

そうだ、これがコンセプト。

誰かの「健康的な消費のために」。

3章 僕の姿勢 135

カバー写真　井崎竜太朗
ブックデザイン　川添英昭

1章

foufouのこれまで

ファッションなんて大嫌い。

大学生の時は、クレジットカードの限度額ギリギリまで服を買う人間でした。

大学付属の高校出身で大学受験を経験していなかったので、将来のことについて真面目に考えたことがなかったんです。

当時はチェーンの居酒屋でホールのアルバイトをして暇な時間に同年代のアルバイト仲間と裏で駄弁《だべ》ったり、スーパーの商品補充の夜勤スタッフをして夜中サボったりしながらも得たアルバイト代を全部、流行りのファッションブランドの服に使っていました。

大学4年生になって、就職活動が始まりました。ダラダラしていたように見える友人も、長かった髪を切って変なオイルで固めて一丁前にリクルートスーツを着て「俺、早く結婚したいから大手のメーカー志望なんだ」とか言い出すんです。

「え？　お前そんなんじゃなかったじゃん！　一限サボってパチンコばっかり行ってたくせに！」と思いました。

その辺から自分の将来はどうなるんだっけと焦り始めます。馬鹿ですよね。

就活サイトを眺めながらアパレル業界の何社かの会社説明会に一応応募したんです。応募しただけで「就活気分」になってまた遊びに行っちゃうんですが。

一般の私立大学の文学部だったので就職活動では一応色んな業界の会社説明会に行ったと思います（もうほとんど忘れたけど）。

どれもこれもが自分が働いているイメージが湧かなくて、なんだかよくわからなくなりながらアパレル業界の会社説明会にも出ました。

某大手のアパレルメーカーの説明会の会場は、都心のいわゆるラグジュアリーなホールを貸し切って行っていました。「私服でお越しください」と記されたメールに当日まで戸惑いながら、少し背伸びしてジャケットを羽織って行ったんです。

受付では綺麗なお姉さんたちが綺麗な洋服を纏《まと》い出迎えてくれ、髭を生やしたいかにも「アパレル」っぽいダンディなお兄さんたちが席まで案内してくれた気がします。この時点でもう「こんな業界は合わなそうだな」と思ってしまったのをよく覚えています。

説明会が始まると、まずスクリーンに映された社員紹介を見せられました。ある社員さんの一日のスケジュールだった気がします。まるで『プロフェッショナル 仕事の流儀』

のようなテンションでその動画は作られていました。その動画に出ていたクリエイティブな雰囲気のお兄さんは9時に出社してきっちり18時半に退社していました。評判とは違うホワイトぶりに笑ってしまいました。

そのムービーが終わって学生たちは置いてきぼりにされた状態（いや、僕だけがそうだったのかもしれない）で偉い役職っぽいおじさんが出てきて開口一番、まだ何の経験もない学生にこう言ったんです。

「ファッション業界は、華やかに見えるでしょう。でもそれは大きな間違いで現実は大変厳しい世界だ」

その時に僕はまるで吉本芸人さながらイスから転げ落ちてやろうかと思いましたね。「なんでやねーーーーん！」と叫びたかったですよ。

「たかが学生向けの説明会でデカいホールを借りて、キラッキラな現実離れしたムービーを見せて〝華やか〟に見せたのはお前らだろ！」と心の中でど突きました（失礼しました）。

帰ってから、紙質の良さそうな会社案内の冊子をゴミ箱に投げ捨ててベッドに寝っ転がってスマホを開いてツイッターを見たんです。

意識の高い同級生がインターンで学んだ経験をつぶやいていたのでスマホを閉じて、ついでに自分の就職活動という心も閉じました。

今でも忘れないのが大学4年生の冬です。

就職活動がうまくいかないと人生まで否定されるような気分でした。自己肯定感が高かったわけでもないけれど「誰にも必要とされていない」気がして本当に憂鬱でした。手応えも感じられなかった面接の帰り、気晴らしに表参道を歩いている時に急な虚無感に襲われました。

「これまで僕は高い服を買って、見せかけの装飾品で着飾って中身の何にもない人間になってしまったな」と思いました。

同時に「こんな高い服ばかり買わせてくるブランドが悪い！」となぜだかブランドに腹を立てました。若さですね。

見せかけの装飾品だけを揃えてドヤ顔して表参道を歩いても、何も残らなかったんです。

都合のいいように「消費」させられて自分まで消費していってしまっているような、

そんな気分でした。

その日から急に今までは見ないようにしていたのか、色んなアパレル業界が抱える問題を目にすることが増えました。前倒しで行われるセール、縮小する国内の生産工場、不当な労働環境。

「何がファッションだ！　ファックだ！」と手のひらを返して、僕は好きだったブランドを買うことをやめました。

そしてまるで正反対に位置する無印良品で販売のアルバイトを始めて、そのままそこで契約社員として働きました。

ある本との出会い

大学時代、元気のいい消費生活をしていた僕にとって無印良品で働いたことは非常に思想のデトックスになったと今になって思います。

「誇りを持った簡素」「無駄を省くことで豪華なものよりもっと素敵に見える」という

原研哉《はらけんや》さんのデザイン、グラフィックデザイナーの田中一光《たなかいっこう》さんの思想。その源流にある柳宗悦《やなぎむねよし》の「民藝運動《みんげいうんどう》」まで調べていけば調べるほど、奥深く、美しい考え方でした。間違いなく、その考え方は今の商売のスタイルに影響を与えています。

当時の職場の先輩で、土日しか出勤しない「ダイさん」というお兄さんがいました。当時の僕が22歳くらいで10個上でしたね。でもすごく気さくで柔軟な考えを持つ、頭のいい先輩でした。

彼は平日昼間はグラフィックデザイナーをしながら、夜は美術大学の夜間部に通っていたんです。そして土日だけ無印で働き、稼いだお金をほぼすべて無印の商品に使う変な人でした。とにかく頭がキレる。考えていることが周りの人と全然違いました。

例えば当時、パズドラという携帯ゲームがめちゃめちゃ流行っていました。ダイさんは、パズドラをしながら「コウサカ君、」って話しかけてきて、

「なんでパズドラ流行ってるか分かる?」と聞いてくる。

「なんでなんですかね」って言ったら、

「これ似たようなゲームでテトリスがあるけど、あれが流行ってたのはベルリンの壁崩

壊前で、冷戦時代の過渡期だった。大衆の心が何か破壊的な欲求があったり、何かを壊したいと思ってるときに、こういう何かを壊して何かが消えるパズルゲームが流行る」

確かにダイさんが言わんとしてること、なるほどなあと思いました。その時ちょうど、東日本大震災からちょっと経ったころだったんです。その時、僕はやっぱこの行き過ぎた資本主義が変わろうとしているのかなと思いました。

ダイさんはなぜか僕のことを気に入ってくれて、そういう色んな話をしてくれるんです。それこそ無印の思想やデザインの意味や役割とか、正直全然わからなかったんですけど、空っぽだった僕が何かで埋まっていく感覚がありました。

僕は本当にそのとき何の知識もなかったんです。デザインの話や、有名な方の話だけでもいろいろと教えてくれて、勉強になった記憶がすごくあります。

何より「知識を持ち、考え、作り出し、世界を知ろうとすること」の面白さ、美しさを感じました。

そのダイさんに「コウサカ君は頭がやわらかいから、あとは手を動かせればなんでもできるよ」と、無印のレジでお客さんを待っている朝の時間に言われたんです。

そして「これ読んでみてよ」と半ば強制的にアマゾンから購入させられたのが『MAKERS 21世紀の産業革命が始まる』という本でした。貸してくれるわけじゃないんですよ、「自分で買わないと読まないだろ」という意味ですよね。

その本はざっくり説明すると「インターネット社会が広がったら、一般の人でも自宅で作ったものを世界中に届けられる。第三次産業革命が来る」という内容の本でした。単純だった僕はすぐに影響されてしまいます。その本がすごく面白かったことを彼に伝えると、

「コウサカ君はファッションやりなよ！ 絶対いいよ！ 文化服装学院の夜間部がいいよ！ あそこは学費も比較的安いし、日本で唯一の学校法人だから求人数が多い！」

とここも半ば強制的に文化服装学院の扉の前に立たされ、その翌年から夜間部に入学しました。

そうやって、文化服装学院のII部服装科（夜間部）に入学しました。

その時、既に24歳になる年でした。他の同級生はみんな就職をして、社会に出て働いています。少し焦りました。

だけど、これから自分がものづくりができると思うと、それだけで退屈な講義も楽しかったんです。とにかく、ここでなにかしら作れるようになって、小さくてもいいからどこかの誰かになにかを届けよう、基礎だけは頭に入れてあとは自分でやってしまおうと考えていました。

しかし、当時の僕はまったく洋裁ができなかったんです。高校生の時の家庭科の授業で出された「エプロンを作りましょう」という課題でさえ型紙の意味がまったくわからず、母親に「下手に縫ってよ」と伝えてやってもらったようなレベルです。母親が上手に作ってしまうと先生にバレてしまいますからね。

なので入学する段階から「たった3年間で上手くなるわけがない」と思っていました。

諦念どころかなぜか自分に期待もしていませんでした。

だから授業が始まってみんなと一斉に最初の課題である「基本のワンピース」に取り掛かった時、全然上手くできなかったんですが、まったく焦りませんでした。むしろみんなより遅れて完成して課題が終わった時でさえ、「え！　僕、一人でワンピース作ったんだ！　すげえ」と思ってました。

もちろん下手なんで先生の評価は良くないんですよ。Aが一番いいとしたらお情けでBくらいの出来栄えでした。

文化服装学院の教科書はすごくよくできていて、「誰がやってもいい感じの服ができるように作図の手順が「この肩線は何度下げる」とか「このステッチは何センチの幅で入れる」とか細かーく指定されているんです。

でもこれが逆に厄介で、ちょっとできるようになってしまうと「自由に作る」ことができなくなります。逆に言うと「決まった形は作れる」ようになるんですが。

みんな自由に服が作れるようになりたくて学校に来たのに、完璧な教科書のせいで頭でっかちになっていた気がします。

僕は「基本」が頭に入ったその日から、夜な夜な自分で色々な服を作り始めました。作ってみたい服をそのまま平置きして型紙みたいなものを作って縫ってみたり、売っている古着をバラして型紙を作って自分なりにアレンジしてみたり。とにかく、とにかく自分で何か作れるのが楽しかったんです。もちろん全然上手くないんです。

でも、作りたくて仕方なかった。学校の課題を疎《おそろ》かにして作りたいイメージの服をなんとか形にしていました。

今振り返るとこれはすごく「ギターの練習」に似ているかもしれません。僕は趣味程度にギターが弾けるのですが、練習方法はとにかくコード進行だけ覚えたら無理矢理にでも曲を弾いてみる。多少間違ってても曲っぽくできると楽しくて続けられるんです。そうするといつの間にか初心者の壁でもある「Fコード」を押さえられている。そんな経験があります。

だからとにかく作り方（コード進行）を覚えたらやってみる、楽しいと思える方法で続けていたのかもしれません。

1年生のある日、まだワンピースしか授業ではやってなかったんですが、なんとなく

ジャケットっぽいものとかなんとなくパンツっぽいものを作って履いていたら、担任の先生が授業中に褒めてくれたんです。学校の課題は遅れているのに（笑）。

「コウサカさん、それ自分で作ったの？　すごい!!　服作りは楽しいわよね、素晴らしいわ！」とみんなの前で褒めてくれました。

僕は本当にそれまでの人生であまり褒められたことがない学生だったので、すごく嬉しかったんです。

綺麗にできたわけではないけれど「これでいいんだ」と思えました。

二度目の就職活動

文化服装学院のII部服装科（夜間）は色々な年齢の方がいるので自分の年齢を気にすることは少なかったんですが、やはり将来のことを考えると不安になりました。

日本の就職活動で一番大事なのはきっと専門的な知識でも学歴でも元気な挨拶でもなく（もちろんそれらも大事だけれど）、「若さ」なんです。

3年制のII部服装科を卒業したら僕は27歳になります。そんな年の新卒を、苦しいと言われる日本のアパレル業界のどこの企業が雇ってくれるんでしょうか。自分が面接官の気持ちになったとき、何人かの学生の履歴書を並べて、記入されたそれっぽい志望動機や嘘くさい学生時代の経験を読むまでもなく「27歳」と書かれた履歴書は弾いてしまうかもしれない。現実はいつだって残酷です。

就職活動できついことがわかっていた僕は、入学してすぐに学校のキャリア支援室を訪ねました。

文化服装学院は日本でも歴史の長い服飾の専門学校なので、求人数が多いんです。目的は「なんでもいいから本社などの内勤で働くため」でした。

理由は簡単で「なにかしら内勤での実務経験」があれば就職活動で有利に働くのではないかと考えたからです。

担当の方に「生産管理」という仕事を紹介してもらえました。メーカーやブランドには絶対必要な人材で、簡単に説明するとサンプル作成から量産、店舗への出荷まで、ものづくりの流れを円滑に進める業種です。

「それだ！　とにかくまずは全部の流れを知らなければ」と思い、早速応募しました。すぐに返事が来て、5月には週に5日間、学校の時間まで生産管理の仕事を始めることになりました。平日は朝から会社に行って生産管理の仕事、夜は学校で授業。あとの時間は課題をやったり、自分で洋服を作る。

そんな生活を続け、結果的に、あんなに不安だった僕の2度目の就職活動は、4社受けて4社とも内定をいただきました。27歳の新卒者で、大学時代の就職活動では自分が何をしていいのかすら分からなかったのにです。

今考えると、僕は当時エクセル、パワーポイントなどのマイクロソフトを使えて、生産管理の職歴が3年間あって、ものづくりの流れは何となくわかるという人材でした。それに文化服装学院は大きい学校だから、アパレルメーカーにいる人の中にも文化服装学院出身という人が多いです。

なので文化のものづくりを一応学んでいる27歳で生産管理の経験もありパソコンも使えるという人材は意外と貴重だったんです。

また、多くの就活生は会社に入ってデザイナーや企画担当になりたがるんです。

いったん会社に入って、それから独立しようと。でも僕は自分である程度服が作れてインターネットという販売ツールがある。ならば自分で市場を見つけたり開拓していったほうが楽しいじゃん、と当時からなんとなく思ってました。

天才たち

文化服装学院にいて一番驚いたことは学校に「天才」ばかりいたことです。

各学期末に学年ごとに作品のショーを行うんですが、同じ時間学んだとは思えないくらい丁寧な服を作る子や、まるでコレクションのショーに出てくるデザインの服を作る子、テーマを自分に設けて何体も作りあげる子など、とにかく「天才」ばかりでした。

僕はといえば、毎回修了ショーのギリギリになってやっと基本の課題を終えていたのでショーに出す作品などなく、全然優秀な生徒ではありませんでした。

家では夜も寝ずに服を作り続けていましたが、これが実際将来の何に繋がるのかはわかっていませんでした。とにかくただ、自分が作りたい形を目指してひたすらひとりで作っては捨てていました。

捨てていたのは、やはり自分が美しいと思う形には当然服作りを学んで1年そこらの学生ではたどり着けず、納得がいかないものが多かったからです。

しかし別に焦ったりはしていませんでした。長い目で見たら自分が納得のいくものが作れるだろうと思っていました。

学生の子は修了ショーや卒業ショー、なんらかのコンテストに全力投球することが多いんですが、僕は「そんなに焦らなくても人生は意外と長く、ものづくりの道は果てしないのに」と考え、無理のないように続けていました。

これは今でもよく思うのですが「頑張ってできたこと」を続けるには、頑張り続けなければなりません。

僕はアスリート気質ゼロなのでどうやって「頑張らなくても続けられること」を見つけられるかを大切にしています。なぜなら、続けていれば必ず何かに繋がるので、頑張らなくても続けられるほうが健康的ですよね。

他の人から見たら昼はフルタイムで働いて、夜は学校に行き、夜中は自分の服を作っていた日々は「大変そう」と思われることが多いんですが、僕にとっては「頑張ってない」ことだったので続けられましたし、早くに結果を求めずに自分のペースで一段ずつ階段をのぼっているイメージでした。

そしてあまりにも周りにすごい子が多かったので、僕は早々に「学校の授業で一番になること」を辞退していました。

考えてみるととんでもない話ですよ。僕が通っている夜間部だけでこの天才たちが何人いたことか。そしてそれが3学年それぞれにいました。さらに言えば昼間の部にはもっといます。さらに言えば毎年卒業している人の中にもたくさんいます。天才だらけ。

逆に言えば、その天才の中から、何人が自分のものづくりでご飯を食べているんでしょうか。毎年、学院長賞という学校で一番名誉ある栄光を勝ち取った学生の何人が今、業界で自分のブランドを続けているのでしょうか。

ビジネスとして成り立っているブランドはかなり少ないです。つまり、「天才である必要はない」んです。むしろ天才であることは凡庸《ぼんよう》なことなのかもしれません。

だから僕は天才と競争することはやめて、天才には見えないものを見つけることにしました。いや、見つけるしかなかったんです。

インターネットの中に

「天才には見えないもの」はインターネットの中にありました。当時インスタグラムが流行りだしたときで、僕も自分の好きだった古着や好きなファッションに関連した映画や音楽などを載せて、似たような趣味を持つ人々と交流していました。

服飾の学校に通っているとどうしても「ファッションは高尚なもの」「ファッションはアート」という考えになってしまいます。アカデミックな教育を受けるばかりに、服の楽しみ方の一つでもある「おしゃれをする」というある種、大衆的な楽しみ方を忘れていました。

しかし、インスタグラムで出会った、「#おしゃれさんと繋がりたい」のハッシュタグを使って自分のコーディネートをシェアし、同じカルチャーの友人たちと、「純粋にファッションをおしゃれのアイテムとして楽しむ人」に、かつて自分が持っていた「たただ服が好きで純粋にファッションを楽しんでいたときの感情」を思い出させてもらいました。

自分が誰に向けた服を作りたいのか、誰に向けて仕事をしたいのか、その答えがインターネットに見つかった気がしました。

きっとインターネットの中にいるどこかの誰かは、かつての自分と同じような悩みを抱えているのかもしれない。

ファッションを楽しみたいだけなのに、まったくヘルシーとは言えない循環で作られた割高な服や、お手頃価格だけど高揚感のない服、何を選べばいいのかわからないくらい情報も多い中で「服を着る」、ただそれだけのことがなんだかとっても難しく感じている人。

そんな人に向けて、健康的に消費活動を楽しめる「すこやかな服」を届けようと決めました。

6畳の部屋からインターネットで誰かに届ける

これが「ブランドを立ち上げること」かと言われたら少し違和感があります。自分のクリエイションに自信はもちろんなく、当時は学校での評価もよくなかった僕の作ったものを、自信満々に「ブランド」なんて形で出せるほど世間知らずでもありませんでした。

ただ、本当に「誰かが必要としているかも、だって僕がそうだし」という気持ちで準備をしていました。

服飾の学校にいたり、業界にいると「服が作れる」ということが当たり前のような錯覚に陥りますが、どこかの遠い街の知らない誰かにとってみれば「服が作れる」ことは「想像もできないすごいこと」かもしれません。

もし、その人が今「ファッションは楽しみたいけど、ブランドは高いし、だけどファストファッションじゃ満足できないなぁ」と思うならば、その人にとっての「消費の逃げ道」になれたらいいなと思っていました。

この考えはもちろん今でもｆｏｕｆｏｕの奥底に流れています。粗悪なファストファッションに疲れたり自分の生活を無理して買ったブランド物がシーズンを終えるとすぐに古くなってしまって悲しい思いをした、「ファッションに裏切られた人」を待っています。

そんな人たちを大きな手を広げて「よしよし、大丈夫」と迎えます。ｆｏｕｆｏｕで、もう一度ファッションの魔法を感じて欲しい、そしてそのままｆｏｕｆｏｕと人生を共にしてもよいですし「ｆｏｕｆｏｕという帰る場所があるから」と違うブランドを楽しむために出て行ってもいいのです。

消費の逃げ道として始まったｆｏｕｆｏｕは、まずはじめに4型程度の服を製作しました。実家の自分の部屋で朝までかけて縫い上げました。「はじめ」というのは大事なようで大事ではなく、大事じゃないようで大事なんです。

こだわりすぎる必要はないけど、いつか思い出したときに「あの時のベストを尽くしたな」と思えるものじゃないといけません。

せっかくならしっかり撮影をしようと、当時インスタグラムで繋がっていた若いフォトグラファーの男の子に連絡をしました。丁度、彼は大学を卒業して福岡から出てきたばかりで東京にいるとのこと。それならお互いの家の真ん中あたりで話そうと、ファミレスでお茶をしました。

それが、今でもｆｏｕｆｏｕのルック撮影をしてくれている井崎竜太朗氏との出会いです。井崎くんとは初対面だったことを忘れるくらい息が合い、「僕、ブランドをはじめるから撮影してほしいんだ。きっと長く続くブランドになるから末長くよろしくね」と頼み、はじめての撮影を行います。

はじめての販売

２０１６年夏に、井崎くんにお願いして東京・丸の内で撮影をしました。出来上がった写真を見て盛り上がったのを覚えています。早速、その写真と、僕がどんな思いでこのブランドを始めるのかを言葉で綴《つづ》り、インスタグラムに載せました。

既存のシステムから抜けて仕組みからヘルシーで美しいブランドを作ってみたいこと、自分がファッションに対して抱える悩みをきっと誰かも感じているのかもしれないこと。

反響は予想以上でした。なによりシンプルに「このお洋服を着てみたいです！」というコメントをいただけたこと。自分の作ったものが身内以外の誰かに必要とされた気がした瞬間でした。

ハンドメイドで始めたんですが、当時から「いつかはたくさんの量を販売する」という目標を持っていました。デザイナーのハンドメイドに愛着を持っていただきたいわけではなく「プロダクト」として使い果たされたかった。それはある意味、アルバイトしていた無印良品の思想に近いかもしれません。

それもあって、当時流行っていたハンドメイド作品を販売するサイトなどには出さずに、自身のインスタグラムのみで告知しました。どんな考えで服作りをしているのかもちゃんと知ってもらいたかった。だからアカウントも「ｆｏｕｆｏｕ」とせずに「ｆｏｕｆｏｕのマールコウサカ」にしています。どんな人がどんな考えで作っているのかを伝えることがまずはセットだと考えたんです。

ハンドメイド作品など販売するときには、買っていただいた方に「手紙」をつける方もいますが、僕はそれもしなかった。ある意味、物だけを買ってもらいたかったんです。

はじめての販売日の夜、「注文が入りました」という通知が来るたびに、遠い街の誰かにこの情熱が届いたのだと感じ、震えました。インターネットは無機質、インターネットでは人間の思いは通わないといった定説は僕の中では打ち破られ、まるで近所の八百屋のように温かい人間味のある世界だなと思っていました。

はじめての量産

ハンドメイドで何型か販売したあとに、毎回すぐに売り切れてしまうので、「そろそろ自分で縫うのは限界になってきたぞ」と思い、縫ってくださる工場さんを探しはじめます。

個人ブランドが工場さんに縫っていただくのは難しいことです。毎月仕事をお願いできるかもわからない。始めたばかりで信用もない。一つ目の壁にぶちあたりました。ただこれをなんとか登りきれば、違う景色が見えるぞと思っていたので、ポジティブでした。

その時にインターネットで見つけたサービスが、のちに一緒にｆｏｕｆｏｕを運営することになる株式会社ステイトオブマインドの伊藤社長が立ち上げた「ｎｕｔｔｅ」というサービスです。

ステイトオブマインドとの出会い

伊藤社長がやっているステイトオブマインドという会社の中には、「ｎｕｔｔｅ」と「ｔｅｓｈｉｏｎｉ」というサービスがあります。

日本全国の職人と縫ってほしい物がある人をつなぐマッチングサービスです。だから「ｎｕｔｔｅ（縫って）」。1点から注文できるので、小ロットで作れます。

ある日、母が「こんなのあるよ」とｎｕｔｔｅを教えてくれたんです。

「これだ！　これがあれば、ある程度の数量まではここで作れる」と確信した僕はすぐにｎｕｔｔｅに登録し、仕事を発注します。そこで職人さんと連絡をとりながらはじめての量産30着にチャレンジします。

運よくとても丁寧な職人さんと繋がれました。当時の僕は生産管理をかじった程度で、素人に毛が生えたようなものでした。それに学校で習う丁寧なハンドメイド用の仕様と、量産メーカーで使われるような仕様はまったく違っています。なので職人さんに「この形にしたい」ということを伝えて仕様も適した方法でお任せしました。

最終の出来上がりの空気感さえ変わっていなければ、僕より圧倒的に経験のある職人さんに判断してもらったほうが綺麗な仕上がりになるはずだと考えていたからです。

製品が仕上がって、自宅に届いたときに「わ、これは絶対にいける」と手応えを感じました。やはり職人さんが縫ってくださった製品は抜群によかったんです。そこらのメーカーやブランドには全然負けていない雰囲気でした。

僕は当時から基本的には卸売《おろしう》りはしないスタイルでやっていきたいと考えていたので原価率も50%で設定します。原価率の高さが単純に物の良さに繋がるとは一概には言えないのですが、百貨店メーカーでさえ原価率20%もあればいい方と言われる2010年代後半において、そりゃコスパよく感じられる物が作れました。

はじめて量産したのはトレンチコートなどに使われる固い綿素材を4メートルも使用

したフレアスカートです。普通のメーカーの企画会議では絶対に作れないフレアの分量。「トレンチスーパーフレアスカート」と名前を付けました。このスカートは今でもアップデートしながら作り続けています。

はじめての挫折

月の生産数が100着近くになってきたときです。1ヶ月で数百万円の金額が動くようになりました。それでも僕は1人でやっていました。僕は当時、経営の知識が全くなく、お金の調達の仕方などもわからず自己資金のみで回していました。

アパレルは基本的にあとから売り上げが入ってきます。先に製作費用や生地代を払わなければなりません。1人で数十万円のお金を払うそのキャッシュフローがどんどん苦しくなって行きます。

売れれば売れるほどどんどん追い込まれて行きます。とはいえ、自分で事業計画を立てて銀行にお金を借りるとか投資家に出資してもらうみたいなことも知らなかったんです。

カードのキャッシングも使って、消費者金融からもお金を借りました。

いよいよ次の月に製作するためのお金がないとなっていった時が人生で一番苦しかったです。あとから思い返せばたった200万円程度返せなくなったくらいなので世の中の経営者の方々に比べたら甘すぎますが、当時無知だったなんでもない僕からすればお金が底をついて辛くて夜も寝れませんでした。

その時に手を差し伸べてくれたのが、今もｆｏｕｆｏｕを一緒に作り上げてくれているｎｕｔｔｅを運営する伊藤社長と佐藤取締役でした。

ｎｕｔｔｅ経由で職人さんに仕事をお願いしていたため「お金が払えず、申し訳ないです」と連絡しました。

すると「直接、お話しましょう」と渋谷にある事務所に呼ばれました。

強面の社長だということは知っていたのできっと「お前は甘い！　アパレルはそんな

簡単じゃないぞ！」と罵倒されるんだろうと思っていました。

確か、あの日は冬でとっても寒い日でした。僕は渋谷まで出てくるお金も正直ギリギリで1000円もチャージできなかった覚えがあります。当日は緊張して1時間前には事務所の近くに到着してしまい近くのコーヒー屋さんで時間を潰しました。

「土下座しよう」「ここで働かせてください」と頼もうとずっと考えていました。

時間になって事務所の扉の前に立ち、ノックしました。「こんばんは！　寒い中、ありがとうございます」と笑顔で佐藤さんが迎えてくれた気がします。

会議室（というか当時は変なカーテンがしてあるだけでしたが）に通され椅子にかけました。

少し経つと温かいお茶を出されました。

もう膝がブルブルでした。お茶なんて飲みたい気持ちではありませんでした。

そこに伊藤社長と佐藤さんがノートパソコンを持って部屋に入ってきました。

それっぽい天気の話をした後に、「えっと、お支払いの件ですが」と伊藤社長から本題を切り出されました。すぐに謝ろうと思っていた時に思いがけぬ言葉が飛んできました。

「ｆｏｕｆｏｕのような未来あるブランドをなくすのはもったいないと思います。もしコウサカさんがまだブランドを継続したいと思うのであれば、手伝わせていただけませんか？」

本当に怒られると思っていたので思わず「あ……」と拍子抜けしてしまいましたが「続けたいです」と言った気がします（気が動転していて覚えていません）。

その後、緊張している僕をほぐそうとしたのか伊藤社長は「僕も昔、自分でブランドをやっていたんですがめちゃくちゃ借金してね」と自分の失敗談をしはじめました。

優しすぎて泣けました。その後、伊藤社長と佐藤さんが「ｎｕｔｔｅというサービスをこんなにうまく使ってブランドをしている人がいることがすごく嬉しかった」という話をしてくれました。

「顔の見えないサービスだし、我々も日々追われているからなかなかお声がけできなかった」と。僕は人生ではじめて人に救われました。

溺れかけていた僕は当たり前のように「ほら」と手を差し伸べられ、ボートに乗せられました。

こうしてｆｏｕｆｏｕは首の皮一枚で繋がり、続けることができました。明けて２０１８年からはステイトオブマインドと協業という形になりました。

今まで１人でやっていたデザイン、生産管理、ＳＮＳの運用、梱包、発送を手分けすることに。生産管理、梱包、発送という一番時間がかかる大変な業務を引き継いでくださり、僕はデザインとＳＮＳの運用に集中することができました。

そこからｆｏｕｆｏｕはステイトオブマインドがつながっている熟練の職人さんたちとものづくりができるようになり、クオリティも上がり、サービス、仕組みの面でもそれまでと格段に違うものを提供できるようになりました。

僕は何より喜びも悔しさも一緒に味わえる「チーム」になったことで気持ちが楽になりました。

一気に規模感も変わっていきどんどんｆｏｕｆｏｕは大きくなっていきました。最初に借りたお金もｆｏｕｆｏｕの数ヶ月の利益で返済することができました。

僕は伊藤社長や佐藤さん率いるステイトオブマインドの方々にお金はもちろんですが「お金以上の借りができてしまった」と思います。これはすぐに返せるものではないですし、そもそも返すとか借りるでもないのかもしれません。

foufouが仕事を生み出し続けることはもちろん、ステイトオブマインドが目指すべきものを追うために、僕は僕の知見や経験を使うことの労力は厭《いと》わないと強く思っています。

その思いが、僕やステイトオブマインドが取り組んでいく「デザイナー支援サービス」の「teshioni」になっていきます。

「試着会」と「ライブ配信」

その当時から、僕はfoufouが広がっていくという確信がありました。その時だったら1型の30着は固いだろうなって確信があったんです。

でも最初はステイトオブマインド側もお試しといった感じで、foufouって実際どういうブランドなんだろう？　という雰囲気でした。

はじめて一緒にやった服が30着だったんですが、一瞬で完売してしまった。そしたら、ステイトオブマインドのみんなもｆｏｕｆｏｕの可能性に気づいてくれて、前のめりに、「次、やりましょう」と。そうして徐々に売り上げが伸び、生産数が安定してきました。

そして、生産が安定したので、２０１８年からｆｏｕｆｏｕでは大きく新しいことを二つ始めました。２０２０年現在ではどちらも当たり前になっていますが「ライブ配信」と「試着会」です。

ライブ配信とは主にＳＮＳを使った生中継のテレビショッピングのようなイメージです。社内の女性メンバーが着用しているサイズの書かれた紙を壁に貼り、サイズ感をレポートします。購入を検討しているお客さんはそれを見ながらリアルタイムで僕に質問をしてくれます。

「シワになりやすいですか？」

「お家で洗えますか？」

「身長１５８センチなんですがどのサイズがいいでしょうか？」などなど。

やはり動いている服を見て、リアルタイムで自分の懸念点をその場で聞けるのはとてもいいことです。多い時では５００人以上もリアルタイムで見ている時もあり、ライブ配信の総閲覧数は5000を超える時もあります。

ある意味、ライブ配信も「店舗」として「お客さんをお店に迎えるような」気持ちで会話をしています。その日に出る新作を見せる前に冒頭10分程度は雑談のような会話をしながら、お客さんのコメントも読んでいきます。

僕が思ういいお店は「買わなくても楽しいからついつい寄ってしまうお店」です。であれば、ライブ配信もそういう場であることが理想です。楽しんでいただけるお客さんのおかげで僕たちも楽しく配信ができて「今日の新作がお目当てじゃないけど配信が楽しいから見てくれる方」も多くなってきました。そういった「常連さん」が増えてくれると初見の方もコメントがしやすいのです。いつもありがとう！

俯瞰してみるととっても面白い現象だと思います。1人のデザイナーがライブ配信でエンドユーザーに自分たちが作った服の良さやデメリットを直接お伝えできる。

そして1対数百人でありながらも、見ている人はそれぞれが見ているので1対1のような接客ができるんです。

インターネットって素晴らしいです。悪いところばかりがどうしても声が大きく聞こえてしまいますが、使い方によっては距離も時間も飛び越えて遠い街の誰かに伝えることができます。

ライブ配信では「デメリットこそ少し誇張する」ことに気をつけています。

例えばｆｏｕｆｏｕには重たくて歩きにくい服が多いです。裾幅が広く重たいしっかりとした素材を使うことでフレアが綺麗に出ます。バッサバッサと布を捌《さば》きながら歩いていただくドレスです。

こういった商品は持つと重いんですが、着ると肩で分散されるため案外思ったほど重くないことが多いです。ですが、ライブ配信でもそれを強調してしまい、もし重たいお洋服が苦手なお客さんが着てみて「なんだ！　すごい重い！」とがっかりさせてしまうことは避けたいんです。なのでデメリットは少しだけ誇張しちゃいます。

だから、「これはすごく重いし歩きにくいですよ」と見出しをつけます。例えばシワになりやすいものでしたら配信しながら生地をぎゅーっと握ります。日常生活ではそんなぎゅーっと握ることなんてないですから、少し大げさにシワがつきます。でもそれを踏まえた上で「私には必要だ」と思っていただけるなら心配がないからです。

２０１８年から新しく始めたもう一つの「試着会」ですが、事前にお客さんに時間ごとに予約をしていただき、１時間たっぷり新作やその月の再販商品などを試着していただきます。２０２０年５月からは東京、大阪は３ヶ月に１度の頻度で行えることになりました。他の地域でも毎月どこかで試着会を行なっています。

試着会を始めたのは２０１８年に安定して売り上げが作れるようになってきて、お客さんから頂いた「お金」をどう使おうか考えた時に、「東京におしゃれな旗艦店《きかんてん》をいきなり作るのではなく、まずは試着会というスタイルで全国津々浦々《つつうらうら》のお客さんに会いに行こう」と思ったからでした。

なぜかというとｆｏｕｆｏｕは最初からインターネットで始まっているので、地方にもお客さんがたくさんいました。東京に旗艦店を作るのも魅力的ですが、まずはこれまで試着もできない中で購入してくださったお客さんになるべく会いにいって実物を見てもらって接客したかったのです。

それを表現するのに「データでは見えない〝１〟を深める」という言葉を使っていました。

ECでの販売時に見えるお客さんのデータはただの数字の「1」ですが、その1には購入まで色々な体験やストーリーがあるはずです。

例えば、悩みに悩んで普段買わないテイストの服を買った「1」、大切な人と会うときに自信をつけるための服として買った「1」、最近ｆｏｕｆｏｕを知って、はじめて買うぞと意気込んで買った「1」、などデータでは見えないところにたくさんの想いがあります。それならば効率よく1を積み重ねていくだけでなく、「1」を深めていくことでより満足してもらえるのではないかと思い、試着会を始めました。

広告費をかけて販路を増やすのでも、東京に旗艦店を作るのでもなく、これまでのお客さんに「僕らの姿勢を見せる」ことでインターネットという枠組みを飛び越えてｆｏ

ｕｆｏｕを感じてもらいたかったんです。

この試着会、実は裏側は毎度てんやわんやになりながら準備をしています。例えば、はじめて行く街だと土地勘もないのでレンタルスペース探しや試着室や鏡、ハンガーラックの手配、実際にお客さんに着ていただくサンプルも、お客さんの数が増えることで用意しておかなければならない量も増えます。

はじめて札幌で試着会を行ったときに、1人で札幌に行って諸々の搬入などするのは難しいと思い、ＳＮＳで「試着会スタッフ」を募ってみました。日給８０００円と試着会に並んでるお洋服から1着もらえるという謝礼つきです。

すると、たくさんの応募がありました。みなさん丁寧にメッセージをつけてくださっていて、読んでみると「地方に住んでいると好きなお洋服に関わって働く機会も少ないから挑戦してみたい」といった声が多く「これはある意味、ちょっとした働き方改革にもつながるのでは」と思いました。

例えば試着会を地方でも安定して行える体制を作って、お客さんの中からｆｏｕｆｏｕに関わってみたいという方に毎月お願いしてそれに見合った対価をお支払いすることができれば、これもまた誰も不幸にならないのではと気付きました。早速、札幌試着会では数名の方にお願いしてスタッフとして関わっていただきました。

その後も2019年のうちに2ヶ月に1回は東京で、毎月地方も回りながら試着会を行っていきました。

試着会のシステムは簡単で、直近の新作や再販売の商品を試着し、専用のオンラインストアで後から購入することができます。始めたときは気付かなかったのですが、このシステムは優れていて「誰が買ったかその場でわからないので、気にせずたくさん試着できる」のです。

そしてスタッフさんもお客さんなので「売ることを目的とした接客」は基本的にありません。それがシナジーを生み、試着会は従来のお店という枠組みとは違った仕組みになっていきました。

これからのｆｏｕｆｏｕ

これまでのこと、そして今のことを書いてきたから最後はやはりこれからのことも書いておかなくてはいけません。

無人の試着室

２０２０年7月から一応2年の期限付きで、無人の試着部屋を始めます。一部屋まるまる借りて、ｆｏｕｆｏｕの洋服をずらっと並べる。お客さんは自由に予約して（もちろん無料）、好きなだけ服を試着できる部屋です。その試着部屋をやりたいと思ったのも、試着会は来るのに勇気がいるっていうお客さんがいるだろうなと思ったからです。

それに、今の時代は情報が多すぎて過食になってしまいますよね。だから余白を作りたいんです。部屋は無人なので情報量は少ないんです。世の中は広告やデータ化されたマーケティングに溢れてお腹いっぱいですが、無人の空っぽな試着室ではお客さんたちに余白を感じてもらえます。

だから、静かに色々なことを考えながら自分が服を試着できる。冷静に判断してこの服が本当に必要か吟味することができるのです。


インターネットっぽいことをリアルで、リアルではインターネットっぽいことを

2020年以降、おそらくアパレル業界はインターネット化の波が加速していくでしょう。これまでインターネットに本腰入れていなかったメインカルチャーのブランドやメーカーが本気を出してEC化に取り組んでくるはずです。

僕は自分たちをメインカルチャーに対するカウンターだと思っています。決して真ん中で活躍するブランドではないのです。そんな僕らにはインターネットというカウンターカルチャーがフィットしていました。

もちろん今後もインターネットは続けていきますが、もしかすると多くのブランドや

メーカーのＥＣ化によってこれまでのようなインターネットはどんどんなくなっていくかもしれません。

そのために僕らは「インターネットっぽい場所」を探さなければならない。僕の中でそのヒントは「街」にあります。東京の街で言えば、インターネットで手軽に買い物ができるようになったこと、どんどん路線が地下化していることやコロナウイルスによって外出を制限されたこと、またチェーン店が増えたことで「街の景色」が薄れているのです。

しかし、その傾向は僕らにとっては次に進むべき場所なのかもしれません。

ただ街をフューチャーするのではなく、いかにインターネットと結びつけてその境界を曖昧にするか。インターネットっぽいのにリアルで、リアルなのにインターネット。

そこに取り組んでいきたいです。

2章

foufouの姿勢

試着会という取り組み

ｆｏｕｆｏｕの特徴的な取り組みの一つが「試着会」です。文字通りｆｏｕｆｏｕの服を「試着」できるイベントです。

２０２０年現在で東京では2ヶ月に1度行い、毎月順番に札幌、仙台、名古屋、大阪、広島、福岡を回っています。

お客さんの中にはオンラインで服を買うのは難しいと言うお客さんも当然います。しかし、ｆｏｕｆｏｕは卸売りをしないのでポップアップなんかをやるのも難しい。単純に原価率が高いので場所を借りてポップアップで販売することができないわけです。

そもそも自分たちで場所を借りてサンプルを置いてお客さんに来てもらうっていうのがずっとやりたかったんです。それはｆｏｕｆｏｕを始めた時からやりたかった。

多くのブランドさんがポップアップをやる理由は「集客」の観点からですよね。トラフィックが集まる百貨店やファッションビル、セレクトショップでやることでお客さんが来てくれる、もしくは新規のお客さんに知ってもらえるからです。

僕らのようなインターネットでお客さんに知ってもらって販売しているメーカーにとっては「集客」の視点では、正直なところ、ショッピングに来ているいわゆる「フリー客」という方々をそんなに重要視しなくてもいいんです。また、インターネットというオープンな場所でオープンに活動しているからこそ、リアルでのイベントやコミュニケーションは「クローズド」な方が体験として色濃いものになります。

例えばｆｏｕｆｏｕの試着会の場所は「当選した人にだけ」送られてきます。場所も都内の一軒家だったり京都の町家だったり神戸の洋館だったり様々です。「ひっそりと」やっている秘密の場所に行くイメージ、なんだかワクワクしちゃうじゃないですか。

もちろん最初は「路面店を出す」という選択肢もありました。ｆｏｕｆｏｕのベースがグッと成長した２０１８年の終わり頃です。ただインターネットで始まったｆｏｕｆｏｕは全国にお客さんがいました。最初に東京に路面店を出すことがお客さんへの還元になっていくのかというと、僕はそうは思えず「試着会」というスタイルをまずやってみようと進めて行きました。

始めた当時は東京と大阪のみで開催しましたが、いつかは主要な都市に試着会の運営局みたいなものを置いて、その地域に住んでいる方にスタッフをお願いしてサンプルを送って、お客さんが勝手に集まって着るっていうのをやりたかった。今はもうそれができそうになってきています。

ライブ配信はエンターテイメント

ｆｏｕｆｏｕでは販売日にはほとんど必ずライブ配信をしています。他にも新着の洋服のお披露目や、雑談をするだけでも配信をすることもあります。お客さんからリアルタイムでコメントが寄せられてそれに答えます。生配信は今でこそ慣れましたが、やはり最初は緊張しました。

何より生配信は「誤魔化せない」んですよ、リアルタイムだと嘘つけないんです。いやリアルタイムじゃなくても嘘はついちゃいけないんですが（笑）

できないことは「できない」とちゃんと言う、わからないことは「わからない」と伝えてすぐに調べる。商品の紹介をするときには、メリットだけでなくデメリットも伝えます。「このスカートはシワになります」「重量感があります」「歩きにくいです」。

そうやってちゃんと伝えるようにはしています。むしろデメリットはたくさん、そしてちょっと大げさに伝えます。逆にメリットはそんなに大げさに伝えたらダメです。やっぱり届いてからメリットをより大きく感じていただきたいのです。

いつも販売時間がだいたい21時なんですが、その1時間くらい前からスタートするライブ配信では「購入の気持ちはないけど配信が楽しいから見てくれる方」も多くいます。

これがｆｏｕｆｏｕの良さだなと自分で思っています。ゴールデンタイムに時間をいただける、そのくらい配信そのものをエンタメのコンテンツとして楽しんでもらえること、僕らも姿勢としては「服を売る配信」ではなく「配信見てて楽しかったな」と思ってもらえる時間にしたいと考えていますから、冥利《みょうり》に尽きます。

ライブ配信は一方通行のテレビショッピングとは違います。これは「対話」です。まずは楽しんでもらうこと、そして見てる人が自分に語りかけてくれてると自然に思えるように話すことが大事です。

基本的にはカッコつけたり恥ずかしがったりすると寒いです。真面目に伝えることは伝える、でもユーモアは忘れない。「ちょっと適当」でもいい。

むしろ間違ったっていいんです。視聴者がツッコミになってくれます。それがコミュニケーションの始まりになることもある。だから隙のない人や決められたことだけを淡々と伝える配信は盛り上がらない。盛り上がらないと「離脱」が増えちゃいますからね。

僕はたまたまライブ配信が向いていたのでそのやり方を今は選んでいますが、これからオンライン化が更に重要視されていっても、向いてない人は無理してやるべきものではないと思っています。

言わないけどメイドインジャパン

ｆｏｕｆｏｕの服は全て日本で製造されています。

ですが、ここ数年はメイドインジャパンなんです、とはあまり大きな声で言わないようにしています。それこそ立ち上げ当初とかは頻繁に言ってたんですが、国内のインターネットブランドが増えてきて、どこもまずページ開くと「日本の職人さんが縫ってます」

と言うようになっているのに気付いたんです。

それを前面に出し過ぎるのは、あまりエレガントではないと思います。同じように原価率の話も最近はあえて言わないです。

自分が普通にいいなと思って買ったら、それが普通に日本製で実は日本にちゃんとお金が回ってる現象。日本に住んでいる僕たちにとって本来は当たり前にそうあるべきだなと思ったんです。

だから、別にこれは日本製なんでって商品を見せる前に言うのは変ですよね。自己紹介の時に、自分の学歴や経歴ばかり話す人、全然楽しくないじゃないですか。

また、別に中国製でも韓国製でも、いいものはありますよ。変わらないとは思わないですが、生産のクオリティーも上がってきて差はなくなり始めています。

逆に日本製だからという触れ込みで物を売ってるのは危ない。それだけで売れてしまうならその強さがなくなったときにどうするんだと不安です。

セールはしないで売りきる

ｆｏｕｆｏｕの基本的な姿勢として「作ったものは売りきる」これに尽きます。

セールはこれまで一回たりともやったことがありません。セールは確かに楽しいし安く買えるのでラッキーに思えてしまうのですが、実は誰もヘルシーではないというのが僕の考えです。

特に昨今のアパレル業界ではセールの時期がどんどん前倒しになって、プロパー（定価）で販売する時期が2週間しかなかったりするんです。つまりセールをする前提で価格を設定しています。苦しい商戦の中で生き抜くには仕方のないこともあるようですが、そんな商売はやっぱり普通ではありません。

僕らが大切にしているのは、当たり前ですが「定価で買ってくれたお客さん」です。販売前から商品の情報をチェックしてくれて、自分が着た姿をイメージしてどこへ行こうか、何をしようか、考えてくれている方。

どんな小物を合わせ、どんな街を歩き、どんな人に会いに行き、どんな自分になるのか、期待をしながらｆｏｕｆｏｕを見てくれています。そして人によっては商品が販売される時間にアラームをセットしたりと、発売を待ちわびて購入してくれています。

誰がどう考えたって一番大切にしなければいけないお客さんたちです。

しかし、セールを行うとどうなるでしょうか。自分がワクワクして今か今かと待ちわびていた服が赤字で値段調整のシールが貼られ「お手頃だ！」と思われ、購入されていくのです。

なんたる不幸！　着なくなった古着のバトンを誰かに受け渡すならまだしも、これが正規のお店で行われているなんて誰が果たして「そのお店を長く好きでいられる」のでしょうか。当たり前じゃないですかそんなこと。

僕だったら損した気持ちになるし「ならセールを待とうかな」と思うのは当然です。お客さんは何も悪くないです。だったらやらないほうがよくない？　ただそれだけのことです。

やらないほうがいいことは、やらないほうがいいのでやらないのです（すっごい普通のことをさも名言かのように言いました）。

定価で買ったお客さんが損をしてしまうのがセールです。またそのセールがどんどん盛り上がれば盛り上がるほど、セール前提の価格をつけるために生産現場が圧迫されていきます。なんて負の連鎖！　これぞ文字通りの負の連鎖！

単純に「誰を幸せにするべきか」を考えたら判断は簡単なはずなんです。それはきっと誰もがわかってはいるんです。みんな目の前の仕事に必死なんです、誰も誰かを不幸にしようと仕事しているわけではないのですから。

でもセールをしないと在庫が残ってしまうんです。在庫が残ってしまうと赤字になってしまいますよね。

そうすると続けられません。だからセールをしてなんとか在庫を消化する。

しかし、自分たちのツメの甘さで在庫がたくさん残ってしまい、一番大切にすべきお客さんに負担させるなんて全然ヘルシーじゃないんですよね。

では僕らはどうしているのか。

ちゃんと定価で売り切れる量を作る。高望みしない。瞬間最大風速みたいな売り上げの勢いだけで商売はしない。慎重にゆっくり続けていくことだけを考えて続けていく。

それはまるでとにかく一つ一つの打席で出塁を目指す手堅い野球選手のように、しっかり一人一人のパスを繋いでいくサッカーのように、コツコツとこれでもかというくらいコツコツとじっくり進めていくのです。

つまり「定価で売り切れば生きていける仕組みで事業をデザイン」しておく。目の前の売り上げを血眼で取りに行かなくても大丈夫なようにする。これが実は大事なことです。

ｆｏｕｆｏｕは流行り廃《すた》りのあるデザインをやりません、なので去年販売したものが次の年も普通に定価で再販売されます。もう2年も3年もやっているものもあります。お客さんから希望があればなるべく再販売できるようにしています。

そうすると、以前購入してくれたお客さんも気分がいいのかもしれないですよね。「私が買ったあれ、値引きもされず販売されてる！」ってなりますからね。すごく心が健康です。だからセールはしないんです。

セールはお祭りみたいで楽しいけどね。そういう心ももちろんありますよ。だからセールのことは腐れ縁の仲が良いようで悪い友人みたいなそのくらいの付き合いです。

「あ、あいつとはもう付き合いたくねえんだよなぁ」「あいつと付き合うと悪いことばっかだからさ」ってね。

在庫リスクを背負うこと

foufouのオンラインでの販売方法には在庫販売と予約販売があります。在庫販売で購入していただく場合、決済が15時までに終われば当日発送です。販売日はいつも21時に販売開始なので翌日にすぐに出荷されます。

現在、ファストファッションではない多くのデザイナーズブランドさんは「受注生産」をメインにされていることが多いです。当然、受注生産は先にお金をいただいて生産するのでリスクも小さく済みます。そんな中で在庫販売をメインに考え、多いときで300着以上も在庫を持つことはビジネスの合理性で言えば「間違っている」のかもしれません。

これに関してはただの気合いと覚悟です。

シンプルに「なるべく早く届いたほうが嬉しくない？」という当然の話だと思っています。

ビジネスとはいかに効率よく合理的に売り上げを作っていくかの話なのかもしれないのですが、ファッションやクリエイションはときにその真逆の発想をする必要があります。合理的で効率のよいだけのものが誰かの心にひっかかり揺さぶるとは思いません。

人はやはりどこか不合理で刹那を感じるものを尊いと思うのです。散っていく桜の花びらや、青春を捧げるアイドル、もう会うことのない人を思うとき、心の奥は揺れます。それらは全て合理的なものではありません。

ただ非合理を続けるためには、ある種合理的でドラスティックな仕組みがないと破綻してしまいます。このバランスの押し引きがビジネス面で僕が一番気にかけているところです。

数字は追わない、数字に追われない、数字と追う。

僕はこれまで一度も売り上げの数字目標を設定したことがありません。

それどころか、前年比を見て、月の売り上げで一喜一憂することもしていません。月の売上高はまとめてさらっとチェックして終わり。

なぜなら、アパレルメーカーで数字を追い始めると、数字とのレースが始まってしまうからです。ただのレースならば、ゴールまで走りきれば終わってくれるものの「数字とのレース」はそう簡単には終わりません。

前を走る数字の襟首をつかまえたときには、追いかけていた数字はするりと形を変えて先を走り出します。何度ゴールテープらしきものを切ってもそのレースは終わることがなく、こちらの持久力がなくなるまで続きます。

僕は恥ずかしながら詳しくわからないのですが、恐らくそれが「ビジネス」というものなのかもと思います。

そしてゴールの見えないレースを走り切ろうとして麻薬を打つ、それが「ビジネス」

のよくあるスタイルだったと思います。ここで言う麻薬とは、例えばセールを必要以上にやったり、広告費を必要以上に使ったり、季節に無理矢理合わせたキャンペーンをやることです。

僕は「商売はシンプルに」が鉄則だと心得ています。目先の売り上げを取るために小手先で騙し騙し麻薬を使うような施策は絶対に手を出してはいけません。もちろん、その「必死な姿勢」は素晴らしいことですが、そうならないための「必死な姿勢」を続けます。日々、頑固に実直に積み上げていくしか道はないと思っています。

一度麻薬に手を出すと、いつの間にかセールを前提とした価格設定をしたりキャンペーンだらけでクーポンを発行しすぎて内部が混乱していったり、お客さんにとっても社内のメンバーにとっても何一つとしていいことはありません、断言できます。

たとえ、それでなんとか数字目標を達成したところで、実は誰も幸せにならないんです。誰も幸せにならないのになぜ数字の目標を達成しないといけないのか。どうせなら幸せになるために数字を達成したいし、数字を達成しなくても幸せになる方法を知りたいです。

という気持ちを抱きながらｆｏｕｆｏｕを5年ぽっちやってきましたが、今のところ数字の目標がないのに幸せです。むしろ数字を追うのではなく、数字を熟成させるような「試着会」などを行ったことで結果的に数字が伸びました。

つまり数字目標は目的になってはいけません。「なぜこの数字を目指しているのか、その数字を達成することで誰がどう喜ぶのか」まで設計されて初めて、数字目標は魂を宿します。

もしかすると数字の奥にあるもっと質感のある肌触りを求めて商売をしてもいいのかもしれません。むしろその方が数字は伸びていくのかもしれません、それが本当だったらなんて単純で楽しいことでしょうか。

僕はそういう気持ちで今日も明日も商売をしていきます。

明るい機会損失

「機会損失」というビジネス用語があります。簡単に説明すると、買いたい人が10人いるのに在庫が3個しかない。本当はあと7個売れたはずなのに足りなかったので、これはお客さんの買いたいという機会を損失しているっていう話です。

でもこの機会損失を恐れるあまり行き過ぎてしまった結果、メーカーは10個生産して結局6個しか売れなくて4個残ってみたいになっちゃうんですね。そしてセールをするわけです。

このバランスってすごく難しくて、完全に何個売れるかを予想するのって、僕は無理だろうと思っています。MDや生産管理をしていた経験があるのですが、どんなカリスマも正確にすべて当てることなんてできていなくて、どうしてもどこかで売れ残りが出てしまいます。

だったら機会損失自体を明るいものにしていけば、機会損失してもポジティブだなと思っていました。

どういうことかというと、確実に売り切れる数量をちゃんと作って、それを売り切った上で、再販などができる状態にすること。例えば、買えなかった人たちには次回の再販まで待っていただけるような仕組みとか。あとは、デザインも流行り廃りがないようなものにしたりするというのを心掛けています。

なんで僕が機会損失をいいと思ってるかというと、僕はそれは別に機会を損失しているとは思ってないからです。それは確かに、短い期間で見たら損失はしているんですが、すごい長い期間で見ると、お客さんは待っててくれるわけだし、その間にｆｏｕｆｏｕのコンテンツを見てくれることもあるからです。

むしろ僕は、この機会損失においてはポジティブに捉えています。でも、売り切れが多過ぎてあまりに買えないと、買うモチベーションが下がってくるので、再販のときはしっかり受注を取ったり、なるべく買えるような仕組みにしておく。そうやって明るい機会損失をしまくりたいと思います。

即決しないで欲しい

僕はお客さんとのコミュニケーションの中で、「買う」という選択肢を一番後ろに持ってきて欲しいと考えています。そのため商品を買うまでもちょっと導線が面倒だったりします。ご迷惑をかけてしまうんですが、そのくらいの方が実はお互いヘルシーだと思っています。

僕としては商品を即決してほしくない、即決されるのは怖いんですよ。買うまでにじっくり吟味して欲しい。ｆｏｕｆｏｕは再販が多いので、焦んなくていいですよといつも言っています。

なぜかと言うと、即決するとそれでｆｏｕｆｏｕとのお付き合いが1回で終わりになる可能性が高いと思うんですよね。そのままた次買ってくれたりする人も中にはいると思うんですが。

買ってもらえるまでの期間をあえて引き延ばすことによって、その間にライブ配信見てくれたり、投稿見てくれたり、いいねを押してくれたり、友だちに言ってみたりする。実は、そういうほうが、買ってもらった値段分の利益よりも価値があると思うんです。見えないお金ではない利益。利益ってのはちょっとビジネスくさいですけど。そこでいただける時間のほうが、実はｆｏｕｆｏｕにとってはプラスになっています。結果的にそれは数字にも影響しているから、今も続けられているのかなと思います。

お客さんは神様じゃない

「お客様第一」という言葉が僕は昔からあまり好きじゃないんです。捻《ひね》くれてます。

そういった企業の中には「結局、会社の利益のため」という姿勢なんだなという施策やサービスを色んな場面で感じてしまうことが多かったんです。偏屈なゆとり世代だと思います。

あと本当に「お客様第一」と言い切っていいのでしょうか。「お客様を第一にすることが、本当にお客様が一番に喜び、気持ちがいいのか」は考えてみる必要があります。

僕らｆｏｕｆｏｕが目指すのは「ユーザーに向けてヘルシーに作られたすこやかな服を届ける持続可能な仕組み」を作ることです。

そのためにセールはやらないし、再販もたくさんしていくし、生産現場の方とフェアに同じ船に乗ってもらい全員で航海をしています。取引先の方から忖度されたくないし「デザイナー様」なんて姿勢は正直寒いわけです。むしろ忖度されると「正面から向き合ってくれてないのかな」と残念に思ってしまいます。僕がオープンマインドで接すること

ができていないのかな、意図が伝わっていないのかなと心配になります。

対等であることで「すこやかな服」が生まれるのでお客さんにも忖度しすぎずフェアでありたいと考えていますし、だからこそヘルシーな循環を作れるんです。

話が少しずれてしまいましたので戻しましょう。

例えば、「お客様第一」のために誰かが辛い思いをするような、無理のある仕組み作りをして従業員や関係者の幸福度が下がってしまうと、当然パフォーマンスは悪くなるので、サービスや商品の質が落ちます。

質が落ちると、物は売れなくなります。物が売れなくなると売れなくなった分を誰かが負担しなければならないわけですが、大抵の場合、それを負担するのはまわりまわって一番近くで応援してくれるお客さんです。お金を払っているのはいつもお客さんなのですから。

ということは、お客様第一でうまくいってる時はまだしも、少し調子が悪くなった時にその第一を守るために負担しているのは実はお客様だったりするわけです。

別に「会社の利益のために」というのを否定したいわけではないです。お金のために商売することは間違っていません。利益を出し続けなければ事業は続けられないし、新しい取り組みや改善もできないので成長もできません。僕も流石に昔のように「電車に乗るお金ギリギリ」みたいな生活は極力避けたいんです。

僕は「お金のためにやっていません」とは言えません。というよりも「たくさん売れました！　この利益で更にいいものを作ったり仕組みをアップデートしてみなさんを驚かせます！（ピース）」って気持ちよく言いたいので、フェアでありたいです。

気持ちよくお金を稼がせていただき、そのお金でまた新しい製品を作ったり取り組みをしてアップデートしていきたいです。お金を稼ぐということは信用を背負うことですから。「任せて！」と言いたいです。

利益を出すということは「自分たちの生活や職人さんたちと仕事を続けさせてもらう」ということにも繋がっていきます。

自分の生活が少しでも豊かになることで、新しいアイディアは生まれやすくなります。

そして、アイディアを持って職人さんたちと仕事をしっかり〝長く〟続けさせてもらうことでより良い製品を作ることができます。

これはいつもステイトオブマインド取締役の佐藤さんや伊藤社長が言うことですが、縫製工場さんは一度きりの大きな仕事よりも、毎月ちゃんと入ってくる仕事の方がありがたいんですと話してくれます。

ならば、僕が生み出すべきはロングランで作れる商品です。先ほどの話にも繋がりますが、お客さんからしてみれば「自分が買ったものがセールにならない」安心感にもなり、職人さんたちからすれば「安定した仕事」にもなるんです。再販売などもしながらみんなでご飯を食べさせてもらいます。

ただそれだけだとやはり魅力的な商品にはならないので、言語化できないレベルで「感情を揺らす」服を作ること。そうです、最終的には言語化できることには価値はないのかもしれません。

いい商品を作り続けるためにこれだけは僕のお客さんにはちゃんと言っておきたいです。僕はお客さんも含めた「関係者全員」のためになるような仕組みを作っていきたいですし、続けていきたい。時代が変わったらその変化に合わせて僕らも変化していけばいいんです。

調律を繰り返しながらずっと心地のいい音を鳴らすピアノのように、事業も微調整しながら心地のいい服を鳴らし続けたい。

もしかすると多少チューニングがあっていない音の方が「味があるね」と言われる日も来るかもしれません。であれば、無理にチューニングはしません。

つまり、服を作りすぎないことも「利益を作ること」に繋がります。ちゃんと売り切ることでちゃんと利益が出て、次の服をよりいいものにできます。新しい挑戦もできますし、楽しい企画が打てます。

お客さんが払ってくれたお金や時間が全部まわりまわってお客さんの〝いいこと〟に返っていくように設計していきます。

なので、お客さんのために職人さんたちを置いていくことはできないですし、利益のためにお客さんたちを置いていくこともしません。これはどちらもバランスよく保っていないといけない。

そのバランスを積み重ねてきて、例えば、2019年からは東京では数ヶ月に一度は試着会をし、毎月地方に行けるようになりました。これまではECだけの販売でしたが、実際に服を触っていただける機会が増えました。

また、撮影では毎回カメラマンさんとヘアメイクさんを呼んで、スタジオを借りてちゃーーんと撮影ができるようになった。見栄えがよくなって楽しんでいただけるようになりました。

ほら、全部返ってきています。僕はそう信じています。

カラーバリエーションはやらない

ｆｏｕｆｏｕはほとんどカラーバリエーションがありません。例えば「ＴＨＥ ＤＲＥＳＳ」というドレスのみを展開するシリーズは、この本を書いているときで20品番近く製品がありますが全て「黒」です。春限定で「白」が出ますが基本は黒しかありません。

定番で長くやっているもので、僕の中のイメージに合えば色展開はしますが、これまで3色展開になったものは１０７ページの写真のスーパータックロングスカートのみです。つまり、カラーバリエーションはほぼやりません。

それにはいくつか理由があります。一つは「これにはこの色！」というのが大抵は僕の中で決まっているからです。なので、お客さんにもその色で提案をしたいんです。「これはあった方が売れるから」という発想で色を増やしたりしません。ちゃんと「色に納得した時だけ」増やすことはあります。

おそらく普通のアパレルメーカーさんだと、お店がある商業ビルなどの環境に合わせ「差し色があったほうが目立つ」などといった理由からカラーバリエーションを増やしていることはあると思います。例えば、黄色はあまり売れないとは思うけど、黄色で目を引いて隣に置いてあるネイビーが売れる、みたいな戦略ですね。そんな理由から生まれた黄色がかわいそうです。そして余った黄色はセールになっていくのです。だから色に納得しない限りはやらないです。

また、今の時代は何を着るにも、何を食べるにもどこへ行くにも何を聴くにも、とにかく選択肢が無限にあり、情報が溢れすぎています。そんな時代に「何色にするか」を潔く選べる人ばかりではありません。

僕は服のプロとしてお仕事しているので、自分で服を買うときも色で悩むことはほとんどないのですが、例えばカレーを食べたいと思って検索すると「行くべきカレー屋」の情報が多すぎて戸惑ってしまいます。それなら信頼できるカレーのプロに選んでもらいたいなぁと思ってしまうわけです。きっと同じような悩みを服で抱えている人もいると思ったので、潔く「この服はこの色です、だから素敵なのです」となるべく言い切れるようにしたいなと色展開はあまり作らないようにしています。

さらに、色展開をすると全ての作業が倍かかります。生産管理、裁断、縫製、撮影、ページ作成、発送まで全ての作業の手間が増えていきます。そうすると、現場で関わる人にその手間をお願いしなければなりません。そこまでして作るべき「色」なのか、手を動かしてくださる方に自信を持って「この色は存在するべき色です」と言い切れなければ作る価値はないのです。

機能的じゃない服について

ｆｏｕｆｏｕの多くの服は全く機能的ではありません。夏物はシワになりにくい素材やガシガシ洗えるものもありますが、大抵はシワになりますし、重かったりします。例えば「ＴＨＥ ＤＲＥＳＳ」シリーズなんかは特に顕著です。生地もしっかりとした重いものが多く、裾のフレアがとんでもなかったりします。

１着で５メートルも生地を使うこともあります。階段をのぼるときには引きずってしまうのでスカートを持ってのぼったり、電車で座ると隣の人にスカート部分が当たり邪魔になることもあります。

しかし、これはいじわるがしたくて重たい生地をたくさん使っているわけではないのです。こういった尊厳のある雰囲気を漂わせる意志の強いドレスを作るには、どうしてもヒラヒラとした素材では空気が出ないのです。やはりしっかりとした素材をふんだんに使うことで表現できる世界です。

便利で効率のよいものが溢れる世の中で、ｆｏｕｆｏｕの服の多くは真逆の思想で作られることもあります。便利で効率のよいものは100点をとれるかもしれません。でも、ただ100点をとれるものは今の時代に必要とされていません。なぜなら100点をとれる商品は安価で作れてしまうからです。アマゾンや楽天市場を開けば満点の商品はたくさんあると思います。ニーズにあった使いやすくて便利で生活者の助けになってくれるお役立ち商品。そういったものを作っていきたいわけではないのです。

僕らは便利さを超えたところにある「着たい！」という衝動を摑んでいくイメージで服を作ります。100点を超えるには、予想をいい意味で裏切ることも必要です。想像を超えたときの驚きが150点に到達します。

例えば、アパレルメーカーの企画会議では原価を抑えるために、フレア分量は削られます。お店の意見を汲み取るという姿勢を持った経営者は多いので、店長さんたちが「お客様は重いものを選びません」や「歩きにくいです」といえばそういったものは避けられていきます。

一般的に「ネガティブ」になってしまうポイントはなくなっていきます。そうして作られたものは、何の特徴もない画一化された製品になっていくのです。

結果、それらの多くは超巨大企業が作ったものにコストパフォーマンスで負けてしまい、競争力を失ってしまいます。

僕らが作るべきなのは、そういった超巨大企業が相手にできない「小さな小さな針穴」のような需要に合った製品です。それは間違っても会議室でみんなで話し合って作ることはできないのです。

再販はライスワーク、新商品はライフワーク

ｆｏｕｆｏｕはアパレルメーカーにしては珍しく「再販売が多い」メーカーです。人気だったものはなるべく再販売をします。なので無理に急いで買う必要がないものが多いんです。多いものだとすでに3年間毎年販売している製品もあります。

再販するかしないかの判断は、お客さんから希望されることが多いかどうかで決めています。

具体的には数えていないですが「これ、再販して欲しいってよく言われるかもな」と

思ったら再販します。

例えば、販売開始と当時に200着なくなってしまうようなこともあります。そういうときはすぐに生地の在庫と工場さんのラインが空いているかを確認して、再販を決定して翌日予約を承ることだってあります。

すべての製品が誰にでも好かれるヒットなわけではないので、数量的にはそんなに多く販売していたわけでなくても、お客さんから熱い要望をいただいたら、やっぱりやるようにしています。

そういった要望はSNSのダイレクトメッセージで僕に直接メッセージが来たり、試着会でも言われます。

僕らは当たり前のように再販売をしていますが、普通のブランドやメーカーさんでは有り得ないですよね。大抵は新しい物こそ良しとしているはずなので。2年前のやつをデザインもまんま何も変えず素材も同じでやってる所ってまずないです。

第一に、多くの製品はセールをしてしまうので再販しても同じ価格で出せないはずです。foufouは絶対にセールしないので、価格の面では問題ないですよね。

それに別にデザインが古くなるわけじゃないから、2年前のやつを久しぶりにやるかみたいな判断もできる。

再販はすごく人気だった商品が中心なので売り上げが見込めて、ベースの売り上げになるんです。それにありがたいことにコストが新作よりもかからないんです。パターンはもうあるし、工場さんも縫ったことがあるので慣れているんです。新作を縫うよりも縫いやすい。

そして商品ページも作ってあるから、それをまた運用すればいいだけなのでコストもかからない。撮影も新作の撮影と一緒にちょっと1着混ぜてもらってやったりできるし、と考えるとすごくヘルシーです。ありがたいことです。

つまりですね、再販の売り上げがベースにあるから、新商品を作ろうというときに挑戦できる費用に回せるんです。再販はご飯を食べるライスワークにして、新作はライフワークとして挑戦していく。すると、またその挑戦から次のステップに繋がり人気商品が生まれる。そしてまたその製品はご飯になり……と続いていくのです。

お客さんの要望をどこまで聞くか

僕は正直、お客さんからの要望をあまり聞いていないデザイナーだと思います。ただこれは「デザイン」での話です。例えば「仕組み」の話で言えば、僕はどんなデザイナーよりもお客さんの要望を聞き、なるべく実践、実装していると思います。

例えば、僕は基本的にはなるべく早くお客さんに製品を届けたいので、在庫販売のみを行っていました。ですが、在庫がすぐになくなってしまうことが多くなった頃に「いつまでも待つので受注生産もしてほしいです！」とご要望を受けたので、在庫販売がなくなり次第、予約に切り替えるシステムにしました。

他にも、高身長の方から「Mサイズと身幅は変わらない着丈だけ長いものが欲しい」という声が増えたので、「M＋（プラス）」というサイズを作ったりしました。

ただデザインに関しては、お客さんから「こうしてほしい」などはほとんどありません。

これは僕の姿勢（といえばすごくいい言い方ですがわがままとも言える）の話ですが、「お客さんの声を聞いて作ったものは100点にはなるけど、150点にはならない」と思っているからです。

特に情報が均一化された現代において「効率的にマーケティングされた広告や製品」が消費者のもとに流れてくることが多いです。もちろんそれらはその人に合った情報なので100点にはなるかもしれませんが、ファッションの楽しさの一つには「え！ 私、こんなのも似合うんだ！」や「試しに着てみたら自分が素敵に見えた」という偶然の出会いがある側面も忘れたくありません。

そんな服を作るためには、お客さんの要望をいい意味で裏切る姿勢と覚悟がないといけない、と思いながらデザインをするよう心がけています。

THE DRESSシリーズ「退屈な日常をドレスで踊れ」

foufouが大切に続けているシリーズの一つに「THE DRESS」があります。「THE DRESS」は黒いドレスワンピースのシリーズです。これらには全てナンバー

がついています。#00から始まり2020年2月現在で20まで作ってきました。

THE DRESSシリーズのコンセプトは「退屈な日常をドレスで踊れ」です。誰かの日常の延長線上で、その日々が退屈なものだったとしても心が揺れるドレスを作っています。

色はすべて黒です。黒いワンピースは「意志の強さ」の象徴。何色にも染まらない黒は永遠に続く宇宙の闇のよう、または夜の海のように深く神秘的です。他の存在の介入を許さないのが「黒」であり、そこには意志を感じます。

色の三原色である「赤」「青」「黄」をそれぞれ混ぜないと現れない色であり、それ故に「高貴」な色とされていました。

黒のドレスを作ろうと思ったのは2018年の春です。昔観た映画なのか、写真からなのか、何から着想を得たのか分かりませんが、とにかくイメージだけが浮かびました。黒いドレスを纏《まと》った女性が小高い丘の原っぱにいます。曇天の空、少し肌寒い。日本っぽい原っぱではなく東欧のどこか寂しげな空気のイメージ。

そこに北の山から冷たい風が吹く。時間は夕方、辺りは少し青みがかっています。すると彼女が着ているドレスの裾は風をふくんでブワっと揺れます、彼女は風でなびいた長い髪を耳にかけるんです。

その時、袖に入った控えめなスリットから白い手首が見え、指先との調和が美しいと感じました。彼女は裾幅の広い重たい生地で作られたスカートをバッサバサと足でさばきながら原っぱの草たちに当たることも気にせずどこかへ歩いていきます。そんな景色を思い描いていました。

そこから飽きもせず「黒のドレス」を作り続けています。黒一色なのでそれぞれ画像だけでは違いがわかりにくかったりしますが、素材も違えばシルエットも違います。色による差がない分、そのディテールや雰囲気の違いに驚くと思います。そこがまた楽しい。

実はこれもまた「健康的な消費のために」の一つなんです。黒のドレスが何着もクローゼットに入っていることなんてあまりないですよね（もちろんお好きな方はいると思いますが）。なのでお客さんは「吟味」できるんです。自分に必要かどうかをゆっくりと。

THE DRESSは500番くらいまで作りたいなという夢があります。500く

らいまで作るとどんなものを僕が考えるのか、すごく自分で興味あります。500まで続くとしたらそろそろ「宇宙服」になっていたりして？

夏は汗をかくのもシワになるのも普通なんだからいいじゃないか！

「夏をドラマチックに纏う方法」

ｆｏｕｆｏｕには他にも「夏をドラマチックに纏《まと》う方法」というシリーズがあります。略して「夏ドラ」です。

毎年夏に真っ赤なワンピースを1着だけ作っていて、2020年でもう4年目になります。

どれくらい真っ赤かというと、もう尋常じゃないぐらい赤です。赤の中の赤。太陽光に負けない赤。夏の暑さを吹き飛ばしちゃう赤、蒸し暑い日本の夏もバカバカしくなって笑ってしまうような赤。

そもそもｆｏｕｆｏｕは黒、グレー、ベージュとか地味な色が多いんですが、夏だけ真っ赤なワンピースをやっています。

なんでかというと、夏は言い訳にできるでしょう。普段できないことを少し背伸びして、少しイキってできちゃうのが夏。「夏だからいいんじゃない？」って。

普段そんなに明るい服着れない人も、夏を言い訳にすれば着れるなと思うんです。街ですれ違っても「あの人は夏だから赤着てるんだなぁ、いいなぁ」と自然と思われるだろうし。だから尋常じゃないくらい赤い服を慣れてない人が着るには絶好の季節なんですよね。

素材は綿なんです、絶対。真逆のことをするようですが、僕らは夏にシワになりやすい綿素材で作ります。綿素材っていうのは織り方によって光沢の出方も違う。綿によってそれぞれに品の良さやあどけなさがある。洗えてシワにならないポリエステルやレーヨンなどの化学繊維もいいんですが見え方は全然違います。

また、涼しくて乾きやすい麻もいいんですが、夏＝麻ではなく、「夏の綿」を楽しんでもらいたいんです。ガシガシ洗えますし別にシワになったところで、夏だから別にいいじゃないですか。

汗は染みるんですよ、綿だから。でも夏なんで。夏なんで仕方ないし自然現象をそんな恥ずかしがる必要もないんですよ。夏なんだからそりゃ汗もかくし楽しんでたらシワにもなる。「で？　どうしたの？」でもいいんです。なんでも合理的にすりゃ「人生が豊かになる」わけではないですからね。それを思い出せる。

この人は夏を楽しんでるなあと一見して分かる、そういう赤いワンピースを毎年1着やってます。

売れる足音

仮縫いのとき、売れる足音がすることがあります。仮縫いとはトワルチェックといい、パタンナー冬頭《ふゆとう》さんが仮の素材で製作した「形」をチェックしてデザインのバランスや仕様を確認する会議のことです。

ものづくりの流れは、まず僕のデザイン画やイメージボードをもとに、パタンナーの冬頭さんと生産管理の担当者たちで企画の打ち合わせをします。その場で、僕が作りた

いものの意図や必然性を全員に説明します。そこで僕の場合は、ＭＤ的な目線で説明を加えることがあります。

例えば非常に曖昧ですが、「昨年はこの時期にこれを出したら反応があったので、今年はこうしたい」みたいな販売計画の話。生産管理の担当者がその場で何となく電卓で原価をはじいて、パタンナーさんが僕が描いたデザイン画やイメージをもとに細かい仕様の話に落とし込みます。

そして、時期にもよりますが数週間で仮縫い用の生地でトワルを製作し、トワルチェックに入ります。そのトワルを着てもらい、ここでサイズ感や細かいディテールを見て決めます。

ｆｏｕｆｏｕがお願いしているのは冬頭さんというフリーのパタンナーさんです。よく名前を聞くお客さんも多いのでは。たまに配信にも顔を出してくれますね。もうね、本当に驚くほど綺麗にトワルを作ってくれます。

普通はですよ、トワルチェックの時は前と後ろそれぞれ半身で作ってトルソー（マネキンです）にピンで打ってチェックをするんです。

それを冬頭さんは試作品でも普通に全身分を縫って、人が着れるように作ってくれるんです、更に〝絶対に〟自分で手で持ってくるんですよ。他の人に任せない。

話を聞くと冬頭さんの中ではトワルチェックがパタンナーとしては一番大事だと。デザイナー含め周りで見ているスタッフさんを驚かせて沸かせることをすごく意識しているんです。

トワルを見て全員に「わあすごい、これこれ！」と言わせることが彼の一番の仕事。現場が盛り上がると士気があがり、みんなが目指すべき場所が明確になるんです。だから、このトワルチェックに一番時間とパワーを使っているそうなんです。

冬頭さんとはもう3年一緒にやっていて、僕が「量産メーカー」という枠組みの中で合理的ではない服を作りたいということを熟知してくださっているので、ものづくりでも意思疎通がすごく早いんですよね。

早いときは、企画会議も1型数分、トワルチェックなんて本当10秒ぐらいで終わります。「はいはい！　これこれ！」みたいに。もうそれ以上見なくて大丈夫なんです（そのあと、もったいないのでたくさん見ますが）。

冬頭さんは表面的な僕の言葉尻だけではなくて僕が普段着ている服とか、好きなものとか、そういうものを聞かずともおそらく知っているんですよ。その背景や必然性を抽出して服のシルエットや仕様を出してくれます。それを横で見ている佐藤さん（スティトオブマインド取締役でｆｏｕｆｏｕの生産管理を２０２０年まで担当）は「まるでジャズセッションですね」と言うんですが、確かにその通り。そしてその演奏は生産管理も物流担当も社長も巻き込んで、お客さんを高揚させる服という曲になるんですよ。最高でしょ。

そのトワルチェックの時に一瞬見ただけで「絶対売れるな。これは在庫積んでおかないとやばいかも」となる時があります。これはもう感覚の世界なんですが。そもそもの場合は企画の段階でそう思ってるんですけどね。

それぞれの製品にはいろんな役割があります。ｆｏｕｆｏｕが好きな人にしっかりハマるでしょうっていうものだったり、ちょっとこれはテイスト違うけど挑戦でやってみるとか、こういうものも味付けとしてあったほうがいいなとか。

いろんなバランス取りながらやっていて、数年続けていると反応もなんとなく予想できます。その仮説と検証を繰り返しているので、考えている段階である程度、これはたくさん数が出るだろうなと思うわけです。それを踏まえた上で、トワルチェックのときに思い通りのものが上がってきて、更にその出来栄えが冬頭さんのマジックにより自分の中で100点を超えた場合、売れる足音が聞こえてきます。

顔が見える職人

神戸で試着会をやったとき、大阪の縫製工場の方、東京からパタンナーの方が試着会に来てくれたんですよ。

普段からライブ配信をして、工場さんの名前やパタンナーさんの名前も出しているのでお客さんも顔を知っていて、「あ、この方はもしや！」と気づいて職人さんに「いつもありがとうございます」って言ってくださったみたいなんです。

職人さん達がそれをすごく喜んでくださったんです。よく聞いてみると、普段自分が関わった製品をエンドユーザーが着てるところを実際に見れて、かつ喜んでもらえて、その上ありがとうございますって言われることなんてまず無いらしいんですよ。

確かに、例えば今自分が着ている服を誰が縫ったかなんて普通は知らないじゃないですか。だから僕はすごく嬉しかったですね。

また、それが試着会の場で起きたのがいいことだと思います。僕からしてもいい光景でした。職人さんとお客さんが繋がる場。

でも、一つこういう時に勘違いしないでほしいのは、別に裏側を見せたり、生産背景のストーリーを押し出すことがいいことなんじゃないんです。

それは一つの要素でしかなくて、本当に一番大事なのは、めちゃくちゃかわいい服があるということ。僕は難しい話とかを押し付けたいわけではなくて、いや、この本を読んでいる人はきっとそういう部分まで興味がある方が多いと思うので書きまくってますが、大事なのは「着たい」という気持ちだけでいいんです。

試着会はサッカーに似ている

札幌で試着会を企画した時に、社内の誰も札幌の土地勘がないし、東京から距離もあるから色々と心配でした。手伝ってくれる人がいなきゃいけないとインスタでスタッフ募集をしてみたら、50件くらいメッセージが来たんです。みんな「自分の住んでいる場所からは離れられないけど自分の好きなブランドに関わってみたい！」というような思いを抱えており、熱いメッセージが多かった。

そこで試着会を行う7都市でスタッフさんたちを募集したところ、各地で続々とスタッフが集まりました。そして、全員にオープンチャットに入ってもらってそこで連絡を流すようになりました。

そうやって各地で試着会の回数を重ねるごとに、何となくリーダーっぽい人が生まれてくる。そもそもリーダーという役割も、僕が名指しして作ろうと思ったわけでもないのにです。

そのリーダーになる人たちに共通しているのはみんな「自発的」という点です。

東京とか、大阪みたいな大きな会場だと顕著です。東京だと3日間で数百人来ます。楽しむのが一番ですが、効率をちゃんと重視しないとお客さんに迷惑掛かっちゃうんです。

そうすると本当に不思議なんですけど、リーダーだけでなく試着会スタッフの中でも、サッカーのフォーメーションみたいに、自然とそれぞれサッカーチームのような役割を担うようになるんです。

例えば、めちゃめちゃ人たらしな人っているじゃないですか。そういう人はフォワードっぽい役割をするようになります。お客さんといっぱい話して仲良くなったりして、最後お客さんがそのスタッフと写真撮りたいって僕がカメラを持って写真を撮ったりすることもある（笑）。もちろん僕はすごい嬉しいんですが。

自分が本当にｆｏｕｆｏｕのお客さんだから、お客さんの気持ちも分かる。そういうフィジカル的にお客さんを楽しませる人もいれば、効率良く場を回すのが上手い人もいます。例えば、試着室へのご案内が超効率的な人。試着室が1個空いたら、お客さんを誘導して状況を見て、臨機応変に対応できるようなミッドフィルダーっぽい人もいるんですよね。

また、ディフェンスっぽい人もいます。彼らは何をするかというと、お客さんが着終わった服をハンガーに戻す作業と、ハンガーに掛かった洋服のシワを取るためにひたすらアイロン掛けたりします。ハンガーに戻すのって結構めんどくさいんです。ｆｏｕｆｏｕの服はボタンとか多いのに一個一個ちゃんと留めてアイロンかけて戻すわけです。実は一番このポジションがめちゃめちゃ大事。例えば、ある初めての試着会でこのディフェンスをやる人がいなかったんです。そうすると場が回んないですよ。サッカーと同じようにフォワードが目立ちますよね。得点に絡む人たちのことは褒めやすいんです。

しかし、実は点を決める人たちがちゃんと攻められるように、ディフェンスの人たちがちゃんと見てくれてる。彼らもディフェンスにやりがいを感じてくれて、楽しんでくれてるからありがたいです。

ｆｏｕｆｏｕの名前の由来

ｆｏｕｆｏｕの名前の由来はフランスで活躍した画家の藤田嗣治からきています。詳しく話すと本が2冊目になってしまうので、気になる方はいろいろ調べてみてください。彼の著書『腕《ブラ》一本』はおすすめです。

その藤田は、27歳だった1913年にパリへ渡ったんです。当時のパリには日本人なんて数人しかいなかったみたいで、絵なんて見てもらえなかったそうです。なのでどうしたかというと、パーティに歌舞伎の格好などをして行って道化を演じて「面白い日本人がいるぞ」と話題になったそうなんです。「ｆｏｕ（フー）」はフランス語でお調子者って意味なんですね。藤田は「ＦＯＵＪＩＴＡ」だから「ｆｏｕｆｏｕ（フーフー）」って呼ばれるようなったそうです。そして、人気者になった彼はそこから絵も見てもらえるようになったというエピソードがあります。

そこから名前をいただきました。僕もアパレル業界のお調子者になりたいなんて思っていますよ。

世界一小さくて世界一大きなブランド

ｆｏｕｆｏｕは少人数でブランドをやっています。それでも年間数億円を売り上げています。月に数千着を販売しています。そんな服屋は今までの時代になかったはずなんです。

現時点でも世界を見てもそんなにないんですよね。だから、僕はこれを極めたいなと思っています。次の時代の「服屋」の選択肢の一つになりたいです。

アンダーグラウンドで有名な知る人ぞ知るファッションブランドになるつもりはないです。

世界一小さいけれど世界一大きいブランドになりたいです。

なんでそうならなきゃいけないかというと、小さいままだと説得力がないんですよ、何かを変えようと思っても金額とか売り上げや数量でもちゃんと業界が少しは驚くくらいの数字を持ってないと何も変わらない。ＳＮＳで業界の悪口を書いてるだけじゃ何も変わらない。

すごく少ない数だけで長く続いていけるブランドになろうとは思っていなくて、長く続けるし、大きくする。着実に毎月、ゆっくりゆっくり続けていく。正しく大きくする。それが日々の目標です。

3章

僕の姿勢

本は重たいSNS

インターネットでいくらでも発信ができる時代に、僕が本を出す意味って何だろうと考えた時に、本もSNSの一つとして見てるなと思ったんですね。

ツイッターもやるし、インスタもやるし、ｎｏｔｅもやるし、いろんなSNSをやってるんですが、それと同じように本もSNSとして位置付けています。

本は先ほど挙げたSNSと比較するとかなり「重たいSNS」なんです。

そもそもプロダクトなので届けるまでの速さはないし、全部読むには時間がかかる。しかし、今のｆｏｕｆｏｕとこれからのｆｏｕｆｏｕにはこの「重たいSNS」の重さが必要です。

他のSNSが「軽すぎる」というのも理由の一つかもしれません。

軽いと高くまで飛んで遠くの人まで届くこともありますし、流れ流れて知らない国の知らない誰かにまで届くことだってあります。ただ多くはその軽さ故にすぐに消えていってしまうのです。

この本は高く飛ぶためのものでもなければ、遠くまで泳ぐためのものでもありません。例えるならまるで樹齢数百年の樹木のようにその地に腰を据えて存在しているだけでいい。雨の日も風の日も雷の日も、そこから一歩も動かず佇んでいるイメージ。

この本がｆｏｕｆｏｕという存在の柱になってくれるように書いています。

アイディア

僕が大好きな「ゼルダの伝説」を作った任天堂の宮本茂さんが、「アイディアっていうのは全部を解決する一つのもの」みたいなことを言っていて、その言葉がすごい大好きです。

色々な要素がからまりあってうまくいっていないものを１つのアイディアを置いただけで回り出すことが、やっぱ楽しいと思うんです。その文脈に当てはめると、試着会って、アパレル業界におけるそのアイディアになるんだろうなって思うので、やっています。

矢面に立つ覚悟はあるか

僕のやっているｆｏｕｆｏｕというブランドはすごく特殊です。なぜなら、インターネットの扉を一枚開ければすぐそこにお客さんがいるからです。

ｆｏｕｆｏｕのＳＮＳには、お客さんからメッセージが毎日のように届きます。

「ワンピースを着て大好きな人と旅行に行きました！」（写真付き）

「コート買えました‼　初ｆｏｕｆｏｕ、楽しみです！」

「新しいスラックスに合わせる靴はどんなのがオススメですか？」などなど。

時にはまったく服に関係のない話もあります。本当にありがたい話で、皆さんたくさん送ってくださるのです。

僕は空いている日は数時間とって、それらを一件一件返していきます。見落としてしまうこともたまーにありますが、基本的には全部返しています。

お返しすると「え！　お返事くださるのですか‼」と言っていただくのですが、逆に皆さん「返ってくるとは思わず」に送ってくださってるんですよね？　それってすごい

JUKI

ですよね。なら、尚更お返事して驚かせたいじゃないですか。

そんな話をビジネスマンの方々に話すと「親近感を作ることで人気が出る」みたいに安易に捉えられてしまうんですが、そんな簡単な話ではないんですよね。

逆を言えばネガティブなメッセージが来た時や、失敗してしまった時に「矢面に立つ」覚悟がないとできないんです。

数百着を人の手で作っていますので、時に不良品は出てしまいます。もちろん検品はしているのですが、やはりそれも人間が見ていますのでスルリと抜けてしまい、お客さんの手元に届いてしまうこともあります。

そんな時にお客さんの中にはまずはコウサカさんに相談してみようと、カスタマーサポートではなく僕にご連絡いただくこともあります。多分ですが、世のファッションデザイナーでお客さんの対応もしている人もあまりいないのではないでしょうか。でも、だからこそなるべくはやっていきたいです。八百屋さんみたいでかっこいいじゃないですか。

あと、やはり「現場」にこそ次のヒントが隠されています。お客さんたちがどんなものが好きでどんな雰囲気の方々で何を考えてどういうものを求めているのか、そういった分析も当然やり取りをすることで摑んでいくことができます。

ある意味、平成の大量生産・大量消費時代で、作り手と使い手の距離はあまりにも遠くなり過ぎてしまったのかもしれません。

デザイナーとお客さんの間には何枚もの扉が作られ、デザイナーは「神秘的な存在」として扱われてきたわけですが、僕は神秘的な存在というよりは「ｆｏｕｆｏｕという服や仕組みを発明した優しいお兄さん（おじさん）」でありたいです。

No Happening No Life

日々の生活の中で「人と違うもの」や「ハプニング」を享受することを意識しています。

合理化された社会で自分の思考範囲外の情報を得るのは非常に難しいです。

なので最近ラジオの価値がまた見出されているんだと思います。ラジオは「聞き流し」

てると「自分が現時点で興味がないこと」も情報として入ってきて学びがありますよね。日常生活の中でも結構人に話すと驚かれるような変なことをしています。例えば、人が全然しない態勢でソファーに座って携帯見たり、リモコンを取りにいくにしても手首をくるくる回したりとか、よく分かんない動きや自己流のダンスをして取りにいったりして（笑）。

全然科学的な根拠ないんですが、人が動くということは脳も動いてるじゃないですか。つまり普通に暮らしているとあまりしない動きをすることで、少しは違った脳の働きを導けるのでは、もしかすると人とは違った発想やアイディアが出てくるのではと思っています。その動きは気持ち悪いので絶対人に見せられないですけどね（笑）。

デザインすること

僕はデザイナーであってアーティストではありません。作っているのはアート作品ではなく日常着です。服への接し方は手にした方たちに委ねますが、多くの方がその服を

着てどこかへ行ったり誰かに会ったり、大切な一日だったり普通の何気ない日だったり、辛くて悲しい一日だったり……様々な「日々」を過ごします。

僕は服を考えるときに誰がどんな場面でどんな風に使うのかをある程度想定していきます。服を考えるというよりは「景色」をイメージします。時々、その景色から音楽が聞こえてきます。バッサバサと弛《たゆ》むドレープと生地の揺れからはテンポのよいクラシックが聞こえてきたりします。そのイメージが明確になると「よし、きっと誰かが必要としてくれる！」と思えます。

それは自分の作りたいものを作っているのか、と聞かれると勢いよくは頷けません。当然、決して自分が作りたくないものを作っているわけではないです。誰よりもサンプルができて興奮するのは僕です。頭にあったイメージが、ただの布切れをつなぎ合わせて立体となってそこに現れるのです。何度やっても痺《しび》れます。

そもそも自分が作りたいものってなんだっけとなります。

自分が作りたいもの、それは服そのものだけではなく、その奥にある人の仕草であったり景色との調和なのかもしれません。そんなことを最近よく思います。

服が好きですが、服だけが好きなわけではなく、「服がある景色」が好きです。その調和や違和感によって生まれる心のゆらぎを人は「美しい」というのかもしれません。

例えば冬の軽井沢、オフシーズンの街には誰もいません。石畳で作られた道路は真冬はとても冷たくなります。コツコツとブーツを鳴らしながら一人の女性が街を歩きます。

彼女は大きめのトレンチコートをバサッと羽織りベルトをギュッと締めています。襟は立ててフラップを留めてその上から大きめのマフラーを軽く巻いています。街の冷たさと無骨なトレンチコートの調和、ベルトを締めることで集まる生地のギャザー、立てた襟と後ろ姿。そんな景色を見ます。

その景色をイメージしながら服を提案しています。そしてその服が量産できる仕様と価格で収まるととても気持ちがいいんです。

あくまで僕はアーティストではなく、プロダクトデザイナーでありたいと常に思っています。

合理的で効率がいいだけじゃ人生は楽しくない。

最近の世の中って、広告ですら検索履歴とか僕らが普段見ているページから傾向を見て、僕らが興味を持ちそうな広告を適切に出してくるじゃないですか。

ご飯を食べる時も食べログで点数のいいお店を調べる、YouTubeで動画を見る時も再生数の多い動画を見る……。

頭では「数字が全てではない」とわかっていても選択肢が多く、時間も限られている中で数字の大きいものを選んでしまうのは仕方ないと思いますし、実際僕もそれで日々の色んな選択をしています。

僕自身は、旅行に行くとき計画立てて行かないタイプなんです。効率よく合理的でいいものは、果たして人生の豊かさに繋がるのか。実は常にハプニングや一定不合理なものに人は心を動かされてしまうんじゃないだろうかと思っているからです。

アマゾンとか楽天には１００点のものはたくさん売っています、不自由なく生活する上では１００点がいいですよ。だから技術が進んだ現代では「１００点」は案外簡単に手に入る。

でも心を動かすという意味では150点じゃないといけない。そう考えると、僕らがやるべきは完璧な100点を出すのではなく、既存のルールに従わずに150点を出すこと。すると合理的なことばっかりをやってたら駄目なんです。

するとですよ、合理的じゃないものづくりをやろうとしている僕が合理的な生活してたら何も生み出せなくなってしまう。

なので、心のどっかでハプニングだとか、多少の不自由さを享受できるような心の余裕さがないと駄目で、例えば僕が乗ってる車、全く合理的じゃない。僕と同い年の古い車です。先日は謎の部品が壊れて道で止まりました(笑)。

あとは先ほど書いたように、たまに旅行するときもルーレットで場所決めてます。ルーレットで場所を決めるとまぁ大変ですよ。当日に決めるからいい宿も空いてない。旅費も先割りみたいなことができないのでお金がかかる。下調べが十分じゃないので行けるお店も限られてくる。

それでも、一つ一つの「驚き」や「ハプニング」が何よりの思い出になります。

夢見る日用品

僕の作る服は「華やかなランウェイで一番輝く服」では決してないのかもしれません。それよりも「誰かの日常の延長線上で一番輝く服」なのかもしれません。

前述したように、僕は自分をアーティストだとは、まったく心から思っていなくて、「商業デザイナー」と自称したいです。

僕がデザインに興味を持ったきっかけは、プロダクトデザイナーの向井《むかい》周《しゅう》太郎《たろう》さんの本を読んである一節に惹かれたからです。

「デザインが万人の生活基盤の質の形成を主題として選択し、それを目標とするのであれば、デザインは広く社会的な、かつ文明的な課題とつながっていることが分かります」
（『デザイン——思索のコンステレーション』）

つまりとても簡単に言うと「デザイン」を独立して考えるのではなく、常に人の暮らしや文明と繫がって考えるべし、ということです。この文章で僕は「デザイン」の奥深さを知った気がします。もちろんその深さがどのくらいで、その底に何があるとかどうやって潜っていけばいいとかそんなことは今でも分かりません。

ただ「非日常のファンタジーではなく、人の暮らしの延長線上にある最適なデザイン」が施された価値ある製品を作りたいとその時から思っています。ここでいう「デザイン」とは「形や素材だけではなく価格や販売経路まで」を含めます。

その思考が僕のベースを作っているので、文化服装学院に入ってもアカデミックなファッション教育よりも「生産管理」を軸にしたものづくりを学んできたし、会社に勤めていた時も「量産すること」の面白さや人の暮らしに直接携わっている感覚が好きでした。

就職活動では量産に興味がありすぎてイオングループなんかも会社説明会に行ったりしていました。

そして自分がブランドを立ち上げる時も「コレクション」という形式の場ではなく、現代の商流や人の暮らしにあった方法を選んできました。

ものを買うたびに意味求めすぎると疲れちゃう

SNSやクラウドファンディングの普及により、ものづくりの背景を消費者側に伝えることができ、消費者側も製作者の動機や意図を知ることができます。

様々な選択肢の中から自分の暮らしや価値観にあったものを選ぶことができるようになりました。

自分が深く感銘を受けて選んで購入したものには愛着が湧きますし、大事にします。幸せな気持ちになれるし、いい時代になったなと感じています。

けれどものを買うたびに「意味」を求め、愛着を持ちすぎるとちょっと疲れてしまいます。

まして自分の専門外のものについて意味を求めようとしすぎると、購入までに時間がかかります。知識もないのでそこから調べないといけなかったり。一つの買い物にそこまで時間をかけることができる人は少ないのではないでしょうか。

生産背景などを読んで理解はできるし、大切なことなのはわかるし、熱い思いを伝え

てくれてるのも素敵です。しかし、そんなに時間もないことだってあります。価格ドットコムとアマゾンのレビューを見て適当に買ってる時もあります。

いつも思うんですが、そもそも「本当に純粋に絶対的に自分が選んだ」と言えるものってそんなにない気もします。やっぱり何かしらの広告や宣伝に影響を受けてる。

最近は、直感的な「お、これいいじゃん！　買お〜」が、なんだか「何も考えてないダメな人」みたいです。「愛着を持つこと」と「意味を知ること」は必ずしもイコールではない気がします。直感でその場の選択肢の中から選んだダイソーのハサミだって、ユニクロのセーターにだって、使い方によっては愛着を持てます。

それにほとんどの人が生活を成り立たせるためには、それらの企業が涙ぐましい努力の上に作り上げた大量生産品を使わずには生きていけないはずです。

実際僕もそうです。頼ってしまっている以上、「なんか悪だ！　環境汚染だ！」と闇雲に言えないのです。「全部、絶対悪いこと」なんてことは言い切れませんし、恥ずかしいことだけど、議論されている様々のことについても知らないことの方が多いんですよね。

ならば小さなメーカーをやっているデザイナーとして考えたい。「消費していくこと」そのものは果たしてそんなに悪いことなのでしょうか。

「健全な消費」があるならばそれはどんな形なのか。インターネット時代では、マーケティング方法も変化して従来のような「広く浅く届ける」ではない「個人に効率よく最適な提案」を「深く刺していく」方法が生まれました。しかし、そこから生まれる予定調和は本当に僕らを幸せにしているのでしょうか。

僕らの役割

僕はメディアからの取材は極力なら断らないようにしています。

新聞でも雑誌でも枠が決められています。テレビだとより狭い範囲のことしか伝えられません。先方も「見せたい部分」があって編集していただくので、やっぱはじめて知った方には僕らの意図とは違った受け取られ方をされてしまうときもありますが、それはある程度は仕方ないかなと思っています。

それよりも少しでも興味持ってくれてｆｏｕｆｏｕを検索してくれたら、僕らもある意味では自分たちでＳＮＳというメディアを持って発信しているので、真実はちゃんと書いてあるようになっています。見てくれたら多くの人は分かってもらえるはずだと。自分で発信を続けたり、メディアの取材を受けていて思うのは、これまでのデザイナーは意図せず切り取られることが嫌だからあまり表に出ず、語らずにやってきたんだと思います。

しかし、アパレル業界の中だけでなく、その外側にもちゃんと現状を伝えていく必要があります。そうしないとどんどん業界は狭くなっていくし、実際に狭くなっています。例えば先日、ファッションの専門学生でさえ、東京コレクションに出ているブランドの名前がわからないというアンケート結果に驚きました。僕はコレクション畑のデザイナーではないですが、業界が閉鎖的なことが一因かなと思います。

また、ユニクロの服を人が作ってるっていうことも知らない人も多いんです。これは学生やお客さんの責任ではなくて、外に向けた発信ができていない我々の責任です。

ｆｏｕｆｏｕでファッションに興味を持ちましたという人の声をよく聞きます。

だからこそ「よりファッションを楽しめる」「よりアパレル業界のことに興味を持ってもらえる」ようにｆｏｕｆｏｕの先の出口もしっかり考えて続けていきたいです。

呪いを解く服

お客さんと話していて、非常に興味深かったことがあります。多くのお客さんが自分に自信を持てずファッションを楽しむことに罪悪感を持っていて「服に申し訳ない気がして……」と言うのです。それを聞いて僕はこの世の「ファッションコーディネート論」みたいなものを恨みました。

本来、ファッションこそが自信を持たせてくれるものなのに、おしゃれをすることが誰かを救うはずなのに、呪いをかけられている人が多いことに驚きました。

そんな人たちに、ｆｏｕｆｏｕの服でぜひ「この服を着ているなら大丈夫だ」と思ってもらえたら嬉しいです。少し背伸びをして購入した服だとしても臆せず、むしろ服にこの身を任せて、安心して堂々と胸を張って街を歩いていただきたいです。

好きな服を好きに着ること、それを楽しむこと。自分に自信を持つこと。誰かがおしゃれをしていることを笑わないで、褒められたそうにしている人を褒めてみること。お互い気持ちよくファッションを楽しんで美しく生きようではないですか。せっかく服に大切なお金や時間をかけている同士なんですから。

とはいえ「おしゃれをするハードル」が無駄に上がっているなと感じる昨今。別にハイブランドで着飾ることがおしゃれとは言わないし、自分が思う自分がベストなお気に入りの服を然るべきタイミングで着て、気分よく過ごすあの時間が「おしゃれ」でいいじゃないですか。

僕も普段は楽な格好に落ち着いてしまうんですが、なるべくジャケットを羽織るようにしています。世の中に「イージーな服」が増えすぎて、着飾ることが恥ずかしく思われるなら、僕はｆｏｕｆｏｕを代表しておしゃれして過ごします。

「大して気合いを入れるべきではない日」にめちゃくちゃおしゃれする遊びを忘れたくないです、ファッションデザイナーですから！（笑）

数人で集まった時とかに、みんなでみんなのおしゃれを褒めあうのは超楽しいですよ。

お決まりのメンバーだとしても、長年連れ添ったパートナーだとしても、たまにみんながおしゃれしてる時とかって気分が変わって楽しいです。

ちょっといいレストランに行くから時にわざわざ家に帰ってスーツ引っ張り出したり、ドレスに着替えたりしてキメッキメで行くことをかっこ悪いことや恥ずかしいことなんて思わなくていいのです。

呪いなんてぶち破りましょう。

頑張らなくても続けられることを頑張ればいい

「毎月毎月、どうやって新作をデザインできるんですか？」や「よくＳＮＳを毎日更新できますね」と褒めてもらえるんですが、あれはまったく頑張ってないんですよ。頑張んなくても続けられるから、続けられてるんですから。

僕は頑張るの苦手なんです。毎日練習しているスポーツ選手や、何浪もして入りたい学校に受かるまで努力できる人は本当にすごいと尊敬します。僕はそれが本当にできなくて、だからこそ「頑張らなくても続けられること」しかできないんです。

今は運良く頑張らなくてもできることが仕事になっています。ライブ配信で喋ったりとかも、別に頑張ってないんですよね。いや、もちろん頑張らなきゃいけない時には頑張らなきゃいけないんですが（笑）。

だから逆にいうとですよ、事業をしていて「めっちゃ頑張ってできたこと」ってすごい怖い。受験だったら1回勝負で終わりだから、変な話ですが、学校に入ってどんなに頭悪くなってもテストだけクリアしていけばいいじゃないですか。

でも、ビジネスの場ではそんな風にはいかなくて、頑張って作った売り上げを、来月なのか来年なのか越えなきゃいけないんです。

その超頑張って作った売り上げを頑張る、また伸ばさなきゃいけないことは相当体力や精神力がないと疲弊してしまう。

僕は凡人メンタルなので、頑張らなくても続けられることを、続けられるように頑張んなきゃなと、だからどうやって頑張らなくても続けられるようにするか、そういう仕組み作りを頑張んないといけないと思います（ややこしい）。

こだわらないことに一番こだわる

ものづくりに関して意識していることは「こだわる」ことはもちろんなんですが、それ以上に「こだわらないこと」もかなり大事だということ。

案外「こだわる」ことは簡単で、こだわろうとすれば天井は見えないんです。価格をどこまでも上げちゃえば成り立つものなので。

繰り返し言っているように、僕は「アーティスト」ではないので、納期と予算がある中で「最大価値」を作りたい。しっかり利益を残せない事業は最終的にユーザーに負担をかけるものだと心得ているので、お客さんのためにも「適切で最高」なものを作らなきゃいけないんです。

ｆｏｕｆｏｕを始めたとき、撮影にもコストをかけられないので、自分のiPhoneでもモデルを撮ってました。最初はこだわらなくていいやと思ってたんですよ。

文化服装学院に通っていた時、みんな究極の作品を学生中に作ろうとしてるんです、実はものづくりって学校終わってからのほうが長いから、こだわらないことにちゃんとこだわっていかないと、成立しなくなっちゃうんです。長く続けるために商売してるのですから。

また、同じように何をやるかより、何をやらないかを決めることが大事だと思います。「ブランドって何だろう?」と考えると、いろんな数ある手段から何を選択していくかによって、ブランドの世界観が作られていくと思います。

つまり、やることを決めるために、やらないことをちゃんと決めて、それをいかにしてやらないで成立させるかを考えていくことが、ブランドを作るということなのです。

ｆｏｕｆｏｕをはじめて5年目ですが、やらないと決めていることは、セールをやらない。カラーバリエーションやらない。卸し売りをやらない。と、こんな風に商品を届ける枠組みの話にしても、やらないと決めていることがあります。その他のサイズ感とかデザインに関しても、これはやらないと意識的に決めてることの方が、実はやることよりもブランドを決定付ける気がします。

手元にあるカードが何か考える

「好きなことをやろう」という言葉をいろんな場所で目にします。もちろん、好きなことや、やりたいことをやったほうがいいですよね。

しかし、それは「好き」という期待値が大きい分、ネガティブなことが起きた時に落差がすごいと思うんです。そうするとすごく悲しいじゃないですか。せっかく大切にしたい「好き」だからこそ「好き」のままでいたい。

だから僕はいつも「好き」で動かないです。まずは自分の持ってるカード、つまり「できることリスト」の中で、誰かのためになることを選んでやるんです。

ｆｏｕｆｏｕを始めたのもそうです。最初にハンドメイドで６０００円ぐらいのワンピースを作ったんです。誰かが必要としてくれるかなと思ったし、「ハンドメイドで作る６０００円のワンピース」っていうカードがあったからそれを選んだんです。

その時は今みたいに量産して、モデルさんやヘアメイクさんも入れて綺麗に撮影するというカードは手元になかったんですよ。もし、その時に貯金を切り崩して無理して量産しても続けられなかったと思います。

だから、まず手元のカードの中から、自分ができそうなことで誰かが喜んでくれること、そして自分もちょっと好きそうなことを1枚出してみたら、誰かが受け取ってくれたんです。そこで要望が多いから、じゃあ次は10着ぐらいにしてみようと考え、ｎｕｔｔｅを使って工場さんにお願いした。繰り返していくと段々と使えるカードが増えてくるんです。

そうやって、喋れるからライブ配信してみようとか、これ喜ばれるからこのカード出そうって出したらお客さん喜んでくれて、また次のカードが来るわけですね。どんどんそのカードの種類も質も高くなってきて、今みたいになってきた。

よく聞かれるんです、「ここまで服が売れるようになったきっかけってあるんですか」と。

何もないです、日々の積み重ねです。無理のない積み重ねを毎日毎日続けること以外に確かなことはないんです。

カードをどんどん出していったり、受け入れてもらえるのは楽しいから、僕はこの作業は苦じゃない。もちろんたまには出したくないカードもあります。例えば、飛行機が苦手なんですけど、でも全国で試着会をしたいし、求められてるから、じゃあこれやるかってなることがあります（笑）。

今では全国のお客さんの顔を覚えていますので飛行機に乗るのもちょっぴり怖くないです。ちょっぴりですけどね（笑）。

八百屋みたいな服屋

文化服装学院の学生だったころ新宿に通ってました。甲州街道の近くで車も人通りも多い、いわゆる大都会のコンビニに行ったときに、店員さんたちの「いらっしゃいませ」の声がすごく大きくてコンビニっぽくない場所があったんです。

そのコンビニで、襟足の長い男性の店員さんが、長くその地元に住んでいるんだろうなという雰囲気のおばあちゃんとすごく仲良く話してたんです。そしたらおばあちゃんが「じゃあ大根だけ買って帰るわね～」と言ってレジに置いて「いつもありがとね」とお兄さんも返してお会計して帰っていったんです。

僕もコーヒー買って待っていたら、夜のお店で働いているのかなという雰囲気の華やかな女性がお店に入ってきて「最近、儲かんないんだよね〜」みたいな話を店員さんとしてたんです。

その時、大都会のコンビニでこういう空気感で運営できるのすごいなと思ったんですよ。コンビニって仕組み化されてて、人の感情を入れて仕事するような場所じゃないじゃないですか。悪い言い方をするとロボット的に働いた方が効率いいわけです。

でも、そこのコンビニはかなり感情が優先されてて、人肌がちゃんとあったんですよ。ちゃんとどころか濃かった。そこで僕は気づいたんです。

結局、器は何であれ人間が動かしているなら使い方次第でちゃんと肌触りがするんだなと。コンビニみたいな冷たい現代的な箱だとしても、その店員さんたちがあったかい人たちだったから、その箱は別にもう関係なくて人間らしくなってた。

僕がやっていることもこのコンビニみたいなものなんです。インターネットという無機質に思われがちな箱かもしれないんですが、ちゃんと人肌を感じることができるサービスにしたい。

振り返ってみれば、ライブ配信したり、ＤＭ全部返したりするって普通のお店やブランドよりよっぽど人肌だよなあと思います。

インターネットなのにリアル

リアルとインターネットはこれまで切り離されて考えられてきました。しかし実は既にインターネットはリアルと地続きになっています。

リアルでもすごくインターネットぽい、インターネットなんだけどリアルっぽい取り組みをしていきたいんですね。その境界線をもっと曖昧にしていきたいです。

ファッションブランドとしてどう新しい表現をするかが僕らの世代の役割なのではと使命を感じることもあります。

なぜなら僕らが作ってるような服はアナログですから、例えばアプリやｗｅｂサービスを作ってる人だと関係ないのかもしれないのですが、服の最後はリアルで帰結するも

のなので、どうしてもリアルでの表現を忘れてはいけないんです。

また、何年かすればインターネットの服屋みたいなのはある種飽和するというか、もっといっぱい出てくるだろうなと思います。

そうなると自然と「やっぱり体験だよね」「接客が大事だよね」とリアルへの揺れ戻しが来ます。

もちろん全体の市場はデジタルやオンラインへ流れていくんですが、アパレル業界で9兆円の市場で当然揺れ戻しの市場だけ見たってどんなに少なくとも1兆円くらいはあるはずです。僕らはメインストリームの商売ではありませんから、どちらかというと揺れ戻ってくるのを待ちたい。カウンターカルチャーでありたいんです。

なので、2020年からリアルに注力したいと思っていました。新型コロナの影響で止まってしまっているんですが、落ち着いたらすぐに試着会の同時開催をやりたい。まずは東京、大阪の同時開催です。

同時開催ってすごくインターネットぽいじゃないですか。この感覚すごいインターネットっぽくて面白いなと思っています。だって当日、僕のスマホにくるお客さんからの通知は、東京と大阪のお客さんたちの通知が混じるんです。ワクワクしませんか？　違う場所で同じ試着会が起きてる！　楽しみだ。

フックが大事

これはｆｏｕｆｏｕだけの話ではなくて、コウサカという人間の生き方でもあるんですが、いつも考えてるのはいかにはじめて会った人の印象に残るか。

印象に残るフックとユーモアが必要です。ただ「強い印象」を残すのではなくて後味のいいコーヒーを飲んだ時のように、帰り道に「なんか面白かったな」と思い出してしまう味。

人付き合いも商売もそうなんですが、どこかに「引っ掛かり」がないと駄目ですよね。インスタグラムだったら、動画で表現されたとんでもないぐらいの生地量の服が動く様子なのかもしれないですし、誰かにとってはキャッチーな文章なのかもしれない。

ワーディングのチョイスもちょっと工夫をします。ちょっとおちゃらけた「ギュンかわ」とか「ビッグラブ」などのお客さんとの共通言語を用いてみたり。

ちょっとずつ知ってもらえるように気を付けてるのは人間関係と一緒。だから、変に文脈のない状態で奇をてらってもそれは消費されて終わりです。ちゃんと僕の性格やバックボーンを知ってもらえる「ユーモア」を生み出していかないと深みを知ってもらえません。

感性のチューニング

SNS時代になってメディアが分散して、それぞれの趣味嗜好が多様化しました。

すると自分の好みではないものが全く知らない間に人気になっていたりすることが増えました。誰にでも好みはあるので、自分の好みじゃないと感じることは悪いことではないんです。

そんなときに昔はついつい「僕は好きじゃない」とネットの海に流してしまうことがあったけど、これは誰も幸せにならないし自分ももったいないと気付いてからやめました。

自分の趣味と合わないものに触れた時に「私はいいと思わない」と拒絶するよりも、「なぜ誰かにとってこれがいいのか」を考えられること、それを見つけて自分の感性とチューニングできると生きやすいと思います。

むしろ自分の守備範囲外で起きることは宝の山でしかなく、単純に自分の枠を広げるきっかけになっていくと考えるようにしています。

なぜなら僕が知ってるカリスマや大御所の方々は皆、それが超超超上手い。新しいものを素直に受け入れて自分をチューニングしていくからいつも時代に波長があっています。

人間関係においてもきっとそれができるととっても生きやすいんだろう（僕はまだうまくできない）。

THE DRESS 500

今、「THE DRESS」という黒いドレスのシリーズは20超えるくらいまで続いています。僕は500までやりたいと思っています。

500まで続けたら時代も変わってるはずです。2年で20までやったので、今のペースだとあと48年かかります。

48年後はもう宇宙に旅行してたりするかもしんないし、車も自動運転が当たり前かも。ドレス自体が今のドレスとは全然違う形かもしれないですね。

今30歳だから48年経ったら、80歳近いです。やれなくはないので、本当にこつこつ続けて。ドレス500は宇宙服かな（笑）。

ついでにすごいインターネットっぽいことができるなと思っています。

例えば、ドレスを企画だけ500まで出しておいて、このドレスを出すときにはこのツイートと、このインスタの投稿と、こういうSNSを発信をするって全部決めておく。

そうすれば僕が死んでもSNSは動くんですよね。僕が死んでも、SNSは動き、服は作られ服が売れていくでしょう。

でも、見てる人はSNSは更新されていくから、コウサカさん生きてるんだなみたいな。

そもそも「生きてるんだな」なんて思わないじゃないですか。気づいたらもういなかったみたいなね。実はコウサカは40歳で……ってTHE DRESS 500の時に公開したい。

そんなSFみたいな未来も想像しています。未来的でインターネットっぽいっていうのが、夢みたいです
でも死んだ後に評価されたくないですね。今、評価されたい。褒められて伸びたい。寂しいものね(笑)。

あなたの家のドアを開けた、いつもの道がランウェイ。

僕の服はランウェイやファッションショーの場で輝くものじゃないんです。あくまで

日常の延長線上にあるもの。夢見る日用品です。

ただfoufouが輝く場所があります、それがあなたのいつもの通り道です。服が配達員さんによって届けられる。箱を開けて初めてその素材感に触れる。いつもの部屋のいつもの鏡の前で袖を通す。

「いつ着よう、どこで着よう」とワクワクする。大事な日に着る人もいれば、普段の通勤や通学で着る人もいます。

一歩、家から出て駅までの道を歩くとき、そこがまるで自分にとってのランウェイになるように。カーブミラーに映る自分をついつい見てしまうように。

「勘違い」されることを恐れないために「言葉」で伝え続ける

それは自分たちの信条をちゃんと伝えるためであり、自分たちを守るためです。

新聞、雑誌、WEBなどいろんなメディアに載せていただくことを今のところ全く拒んでいない理由は、ファッションブランドを始めたり運営することには選択肢があると

いうことを昔の僕のような人に知ってもらいたいし、「アパレル業界は死んだんだ」と思っている人々に「こうして荒地にも小さな花が咲いています」と伝えたいからです。

ただ各媒体で尺や枠は決まっていて、どんなに取材に来てくれた担当の方がｆｏｕを深く理解してくれても、僕が彼らに伝えた熱量がそのままの温度で載ることはなかなか難しいんです。大抵はカットされたり調整されてしまいます。ですが、それはそういうものだから誰が悪いとかは言いたくはありません。

すると発言の意図することやニュアンスが少し変わってしまうこともあります。そもそも言葉は口から出て空気に触れた瞬間に自分の中にいた時と「形を変えていってしまうもの」だと思っているのでしょうがないのですよ。

それによって見ている人が「勘違い」をしてしまうこともあるでしょう。その勘違いをよしとしないこれまでのファッションデザイナーたちの多くは語ることをやめてきたのかもしれないです。

ただ、先述の通り、口を閉ざしていたらファッション業界はどんどん狭い世界になっていきます。

あるテレビの取材が入った時に実際にライブ配信している様子を撮影しました。担当の方がお客さんに「ｆｏｕｆｏｕのいいところは？」と聞いたんです。リアルタイムでたくさん答えていただいた中に「アパレル業界はもっと怖いところだと思ってたけど、ｆｏｕｆｏｕはみんなが楽しそうに働いていて素敵」と答えてくれた人がいました。それが、業界のイメージです。

僕は「切り取られてしまうこと」も「勘違いされる」ことも恐れません。

それは僕は自分のＳＮＳという「メディア」を持っているからだと思います。

そして少なからず「わかってくれている」人たちがいることを知っています。

だからどんなに勘違いからスタートした関係でも、僕のＳＮＳからは僕の言葉で、伝えることに適した文量と尺で伝えられるし服を見てもらえると信じています。

変えてはいけないことを変えないために、変わりつづける

「本を出してみませんか？」とお声がけいただいた時に、すぐに構想ができました。実

はいつか本を出すことになるだろうと思っていました。むしろ出さなければいけなかったんです。

僕はファッションデザイナーですし、お客さんには「難しいことは置いておいてみんながギュンかわ！　と楽しめる服と仕組みを作りますからまたコウサカがなんか言ってるな、くらいに思っててください」と伝えます。

服を目一杯楽しんだ後にちょっとだけ、コウサカの言ってることに耳を傾けてみることがあればとっても嬉しいです。でも、やっぱりそれが一番ではないので全然気にしないでもいいのです。

きっとこの本をここまで読んでくれている物好きな方は知っているかもしれませんが、ブランドとして最後に残るのは服ではなく「思想」です。服を使い果たしてもらったり飽きてしまったりしても最後にこの「ｆｏｕｆｏｕ」がどうして存在していたのか、それは思想として残り続けます。

思想を作ることも大切ですがその「思想」を続けるためには「姿勢」を保ちつづける必要があります。

なので最初の本は作品集ではなく「これから5年、10年経っても変わらない」ｆｏｕの考え方や姿勢の話を綴ろうと考えました。

そしてｆｏｕｆｏｕをこれから続ける上でその本がコアになって、時に僕らの帰る場所になり、時に目指すべき旗になります。ここから更に道が広がっていく、そんなイメージの本です。

〝誰か〟の「健康的な消費のために」はじめたｆｏｕｆｏｕを続けるためには〝僕ら〟の「健康的な生産」を目指す必要がありました。

健康的な生産のためにはとにかく「続けること」です。継続的に仕事を生み出せるように価値ある服を作ること。そしてお客さんも職人さんも僕もすこやかにファッションを楽しむこと。

お客さんだから、取引先だからといった忖度や過度なへりくだりは逆に寒いです。僕が終始一貫して「お客様」と呼ばないのは僕もあなたも対等だからこそ、嘘や忖度はしたくないという姿勢です。

僕はいつもいつも何かあるたびにいつも「変えてはいけないことを、変えないために、変わり続けよう」と言い、行動しています。

「変えてはいけないものすらない」意志の弱いブランドなんて誰も必要としてくれません、しかし「変えることすらできない」弱さは捨てて柔軟であることもまた同じくらい大切です。

皆さんも自分の人生の中で何か決まっていたことを「変える」ことがとても勇気が必要で怖いことだと一度くらいは経験したことがあるかもしれません。ｆｏｕｆｏｕはそれを数ヶ月単位で行っています。いや、行わないとこの時代の流れの速さに取り残されてしまいます。

「いや、コウサカさん、変わらない方がいいよ」と言いたい人もいるでしょう。しかし、変わらなければそのうち誰も興味がなくなって「よかったあの時」のことさえも誰も見てくれなくなってしまいます。

変えてはいけないこと、それは「健康的な消費のために」です。その姿勢を変えないために僕たちは常に変わりつづけていきます。

やっぱりこれがｆｏｕｆｏｕのコンセプト

２０２０年代、「服＝ファッション」とは言えない時代。
まるでＳＮＳはストリート。自分の個性をかつてのストリートファッションのようにインターネット上で表現できます。

絵が描ける、歌が上手い、しゃべりが達者、おしゃれなカフェに詳しい、これまでは選ばれた運と実力のある一握りの人にだけ与えられた「発信する」という権利が今では誰でもスマホ一つでできてしまうんです。そして自分と近い価値観を持つ人と出会い、繋がり、共存することができます。

ファッションの定義は拡張しています。

例えば、ソーシャルゲームに課金をしてみんなが持っていないレアなアイテムを持っていることもファッションですし、男女のマッチングアプリではどんな音楽を聴いて、どんな映画が好きなのかで出会いをセレクトできてしまう、それもまたファッションです。

そんなカオスな時代に、以前のような姿勢と仕組みで数万円もする服を毎シーズン売りつづけることなんてできるはずがないのです。

服は所詮、服なんです。

無理に着飾ったところで自分に中身がないんじゃ意味がないし、無理に服を売ってても社会はこれっぽっちもよくなりません。

服を着て、何をするのか、誰に会うのか、どんな「自分」になるのか。

服を売って、何をするのか、誰と会って、どんな「服屋」であるのか。

生産者も消費者も、服の向こう側にある景色を描きながら「選択」していく必要があるのかもしれません。

その選択の連続がまわりまわって自分に返ってくるとき、結果的にどんな形になっているのかは僕たちそれぞれの役割や選択次第です。

職人さんはお客さんのための「選択」を、お客さんは職人さんのための「選択」を、僕はそれを繋げるために決断をし続けています。

お客さんも、職人さんも巻き込んだｆｏｕｆｏｕのフロントに立つ責任を持ち続けて

いきます。

そして買ってくれた人も作ってる人も売ってる人もハッピーでヘルシーな関係で続けていけるなら、それってどう考えても最高なんじゃないでしょうか。

やっぱりこれがｆｏｕｆｏｕのコンセプト。

誰かの「健康的な消費のために」。

おわりに

結局のところ、服が君たちにとって着たいと思えるものだったら何でもいいんだけど

ここまでの何万字も読んでもらっているのにこんなことを言うのは気が引ける。ごめんなさいね。でもこれだけは言っておかないと「真面目な感じ」で終わっちゃうので言わせておくれ。

「この本の話、全部まとめてまぁ何でもいいんだよって話」です。

全部ひっくり返す。ここまで、すごい書いてきたんです、健康的な消費がどうだとか、服を作るのはこうこうで、コミュニケーションがどうでとか、いろいろあったけどそれは正直、何でもいいよっていうのを覚えといてほしいです。

もしかしたら誰かにとっては、ｆｏｕｆｏｕというブランドが、こういう考え方をベースに持っているということが服を着たいという理由の一つになるかもしれない。

そう思っていただけるなら、めちゃめちゃありがたいことだなと思います。

けれど別にそれがなきゃ、服を着たいと思っちゃいけないかというと、そうじゃないです。やっぱ一番大切なのは、服を見たときにこの服を着たいと思えるかどうか、それ

がすべてですよね。

どんな機能が付いてるとか、どんないい素材を使ってるとか、どんな思想を持って、どんなふうな態勢で作ってくれるとか、そんな言葉とか考えを凌《りょう》駕《が》する気持ちの高ぶり。あなたの「これ着てみたい！」それだけを僕は求めてはいますよ、ものを作るときに。だから、これまで書いてきたことを考えてブランドは作っているけど、これまで書いてきたことを考えて服は作っていないのです。

ｆｏｕｆｏｕを買う理由なんて「かわいいし、ものもいいし、お値段もいい感じ✌」で１００点満点両想い、出会ってくれてありがとう、今後もよろしくね。

マール　コウサカ

エピローグ

ｆｏｕｆｏｕのビジュアルを初期から担当する写真家 井崎竜太朗

「エピローグ書いてくれない？」とマールさんからいつもの突拍子もない一言により言葉を綴《つづ》らせていただきます。思えば、初めて出会った時からこのようなことの繰り返しなので何も驚くことはないし、答えはもちろん〝イエス〟なのです。

２０１６年に福岡から手ぶらで上京してきた何者でもない僕を見込んで、マールさんはｆｏｕｆｏｕ号という小さな車に乗せてくれました。彼とは道中に好きな音楽やカルチャー、感動したエピソード、明るい未来の話をよくします。時に、少年のようにこれからの作戦をこっそり教えてくれるその時間が、堪らなく好きです。

車内でのコソコソ話がいつの間にか輪郭を帯び、人の関心をひいては幸せを生んでいる、その事実にとても勇気が湧いているし、感動しています。

険しい山道も未塗装な砂利道も通っていくことがあるとは思いますが、きっと大丈夫。

僕は自分にできることがあれば、あなたとあなたが創り出すものを愛してやまない人たちのために協力します。見通しの良くて澄んだ景色と、温かい街の人たちの笑顔が待っているはずだから。尊敬と感謝と希望がうまく伝わっていれば幸いです。

最後に、僕の一つの夢も記しておきます。それはｆｏｕｆｏｕにまつわるルックや思い出の写真たちを美術館で展示すること。同時にしっとりとした綺麗なハードカバーを纏《まと》った分厚い写真集を出版することです。野望は声に出してみるに限ります。毎度の撮影でマールさんの近影は撮り続けているし、オフショットも増えてきているので、その歴史をお見せできるのが今から既に楽しみです。たとえ始まりと終わりがあろうとも残すことはできる。そういう意味では使命感すら覚えています。

いつか叶うその日まで、真っ当に健康に生きていこうと思います。ここまで読んでくださりありがとうございました。

ｆｏｕｆｏｕとｆｏｕｆｏｕと愛する人たちへ。

《撮影》

P.4–16, 39, 51, 54-55, 63, 83, 99, 107, 115, 118–119, 123, 143, 151, 159, 167, 175, 183
.... 井崎竜太朗

P.59, 71 .... マール コウサカ

P.139下 .... 角田貴広

《モデル》

P.6, 14, 15, 143 .... 小谷実由 (CV MANAGEMENT)

P.8, 9 .... 新藤マリア (HOLIDAY)

P.10, 11, 12, 13, 59, 63, 107, 115, 118-119, 167, 175 .... チバユカ (Gunn's)

P.83, 159 .... 國貞彩花 (HOLIDAY)

P.99, 151 ....Kanoco (BARK in STYLe)

P.99 .... 安井達郎 (BARK in STYLe)

＊本書『すこやかな服』の著者印税は全額、株式会社ステイトオブマインドの職人育成アトリエの運営にあてられます。

マール コウサカ

1990年生まれ。東京都出身。大学卒業後、文化服装学院のII部服飾科（夜間）に入学。2016年、在学中にファッションブランド「foufou（フーフー）」を立ち上げる。細部までこだわった美しい服はもちろん、今までにない新しいスタイルの販売方法が注目を集める。それは実店舗を持たず、製品は自身のSNSで公開した後、全国各地で試着会を開催し、その後、オンラインストアでのみ販売するというもの。今作が初の著書になる。

すこやかな服《ふく》

2020年 9月30日　初版
2020年10月 5日　2刷

著者
マール コウサカ

発行者
株式会社晶文社
東京都千代田区神田神保町1-11　〒101-0051
電話　03-3518-4940（代表）・4942（編集）
URL　http://www.shobunsha.co.jp

印刷・製本
中央精版印刷株式会社

ISBN 978-4-7949-7194-4 Printed in Japan

好評発売中

〈シリーズ日常術〉野中モモの「ZINE」 小さなわたしのメディアを作る　野中モモ

読んでも、作っても、ZINEは楽しい。「読む人」はいつだって「作る人」だ。何かを作りたいと思ったら、あなたはいつでもメディアになれる。自らZINEを作り、探し、紹介してきた著者が、自身の経験を語り、同じくZINEのとりこになった人たちの声を伝える。ZINEをとりまく環境から、軽やかに生きる術を考える、楽しいおしゃべりの一冊。

物語を売る小さな本屋の物語——メリーゴーランド京都は子どもの本専門店　鈴木潤

三重県で1976年に開店した子どもの本専門店「メリーゴーランド」。著者は幼少期から親しんだそのお店で働き始める。仕事に奮闘するなか、ある日突然、「京都店」の店長に抜擢される。期せずして手に入れたはじめての「自分のお店」、縁もゆかりもない京都での暮らし。突き動かされるように仕事に取り組んできた著者が今に至るまでの道、仕事について考えることを素直な筆致で綴る一冊。

生きのびるためのデザイン　ヴィクター・パパネック 著　阿部公正 訳

デザインを、安易な消費者神話の上にあぐらをかいた専門家たちの手にまかせきってはならない。空きかんラジオから人力自動車まで、パパネックは、豊かな思考と実験に支えられたかつてない生態学的デザインを追求する。世界的反響を呼んだ「パパネック理論」の完訳本。デザイナーのみならず、すべての生活人必読の名著が待望の復刊。

〈新装版〉月3万円ビジネス——非電化・ローカル化・分かち合いで愉しく稼ぐ方法　藤村靖之

非電化の冷蔵庫や除湿器、コーヒー焙煎器など、環境に負荷を与えない機器を発明する著者は「発明起業塾」を主宰している。いい発明は、社会性と事業性の両立を果たさねばならない。月3万円稼げる仕事の複業、地方で持続的に経済が循環する仕事づくり、「奪い合い」ではなく「分かち合い」……真の豊かさを実現するための考え方とその実例を紹介。

レンタルなんもしない人のなんもしなかった話　レンタルなんもしない人

行列に並ぶ、ただ話を聞く、ブランコをこぐのを見守る、言われたとおりのコメントをDMで返す、離婚届に同行する……。なんもしてないのに次々に起こる、ちょっと不思議でこころ温まるエピソードの数々。「なんもしない」というサービスが生み出す「なにか」とは。サービススタートから半年間におこった出来事をほぼ時系列で（だいたい）紹介するノンフィクション・エッセイ。

レンタルなんもしない人の“もっと”なんもしなかった話　レンタルなんもしない人

においをかいでほしい、「となりのトトロ」を歌うので聞いて欲しい、人に話せない自慢を聞いてほしい、降りられない駅に行ってほしい、仏像になりたいので見守ってほしい、ヘルプマークを付けて外出するのに同行してほしい……。2019年2月から2020年1月のドラマ化決定までの約1年間に起こった出来事を時系列で紹介。今回も引き続きなんもしてません。